U0300806

网店美工必读
Photoshop网店设计与装修
从入门到精通 PC端+手机端

凤凰高新教育◎编著

北京大学出版社
PEKING UNIVERSITY PRESS

内 容 提 要

本书由资深网店美工及网店运营总监共同编写，系统地向读者讲解如何科学合理、正确有效地进行店铺的设计与装修。

全书分4篇，共13章内容，从"学以致用"的角度出发，通过大量的案例剖析，讲解网店设计知识、Photoshop网店装修技能及网店中各模块内容的装修法则与实战操作。第1篇为网店装修入门篇（第1~3章），主要讲解网店设计与装修快速入门、网店设计必学的三大美学知识，以及网店设计装修的内容及规则；第2篇为PS技能必会篇（第4~6章），主要讲解Photoshop网店设计与装修的必知技能、必会技能和必学技能；第3篇为宝贝图片优化篇（第7~8章），主要讲解宝贝图片瑕疵处理及美化、宝贝图片光影与色彩的调整等；第4篇为网店装修实战篇（第9~13章），从网店首页设计与装修，产品详情页设计，主图、推广图与海报设计，手机端店铺的装修与设计，网店装修中特效代码的应用五个方面进行具体的实例操作讲解。同时，在书中安排了21个优秀的"美工经验"与读者分享，为读者快速掌握网店装修技巧提供助益。

本书既适合网上开店的店主学习使用，也适合想从事网店美工而又缺乏设计经验与实战的读者学习参考，同时还可以作为大、中专院校及各类社会培训班的教材参考用书。

图书在版编目(CIP)数据

网店美工必读 Photoshop网店设计与装修从入门到精通：PC端+手机端 /凤凰高新教育编著.
— 北京：北京大学出版社,2017.11

ISBN 978-7-301-28705-7

Ⅰ.①网… Ⅱ.①凤 Ⅲ.①图象处理软件 Ⅳ.①TP391.413

中国版本图书馆CIP数据核字(2017)第217014号

书　　　　名	网店美工必读 Photoshop网店设计与装修从入门到精通（PC端+手机端）	
	WANGDIAN MEIGONG BI DU PHOTOSHOP WANGDIAN SHEJI YU ZHUANGXIU CONG RUMEN DAO JINGTONG	
著作责任者	凤凰高新教育　编著	
责 任 编 辑	尹　毅	
标 准 书 号	ISBN 978-7-301-28705-7	
出 版 发 行	北京大学出版社	
地　　　址	北京市海淀区成府路205 号　　100871	
网　　　址	http://www.pup.cn　　　新浪微博：@北京大学出版社	
电 子 信 箱	pup7@pup.cn	
电　　　话	邮购部010-62752015　发行部010-62750672　编辑部010-62570390	
印 刷 者	北京宏伟双华印刷有限公司	
经 销 者	新华书店	
	787毫米×1092毫米　16开本　19.25印张　445千字	
	2017年11月第1版　2022年8月第6次印刷	
印　　　数	9501—11500册	
定　　　价	79.00 元	

未经许可，不得以任何方式复制或抄袭本书之部分或全部内容。
版权所有，侵权必究
举报电话：010-62752024　电子信箱：fd@pup.pku.edu.cn
图书如有印装质量问题，请与出版部联系，电话：010-62756370

前言
Foreword

电子商务的快速发展，促进了越来越多的企业、个人选择网上开店销售产品。而无论开淘宝、天猫店，还是基于手机端开微店，网店的设计与装修显得尤为重要。可以说，网店设计与装修的优劣，也是直接决定网店经营成功与失败的关键因素。

而在网店设计中，美工者使用最多、最流行的图像处理与设计软件当属 Photoshop 软件。因易于操作、功能强大的特点，Photoshop 被广泛应用于网店美工设计与图像处理工作中。

本书就是针对网上开店的店主、网店美工与运营人员，以及想从事网店美工岗位的新手，系统地讲解如何科学合理、正确有效地进行店铺的设计与装修。

本书特色

◎ 真正"学得会，用得上"。本书充分考虑网上开店用户的实际情况，通过通俗易懂的语言、翔实生动的实例，系统、完整地讲解了 PC 端网店和手机端网店的设计与装修知识。即使读者以前完全不懂网店装修，也能快速入门。

◎ 案例丰富，实战性强。全书通过相关案例进行分析讲解，完整地剖析了网店装修的要素、步骤及相关设计方法与技能。并且汇总了 21 个成功的网店美工经验，教会读者如何规范合理、科学有效地设计与装修店铺，如何通过网店的"视觉营销"来提高店铺的销量。

◎ 配套视频，直观易学。本书还配有与书同步的多媒体教学视频，让读者花最少的时间，学到最实用的技能。

本书资源

随书赠送的资源中，不仅赠送与书同步的素材文件、结果文件和网店装修教学视频，还赠送皇冠卖家运营实战经验、技巧电子书。另外，还为开店的新手卖家提供丰富的网店装修模板。

一、实用的开店视频教程

（1）与书同步的 6 小时视频教程，手把手教会读者装修出品质店铺。

（2）5 小时的"淘宝、天猫、微店开店、装修、运营与推广从入门到精通"的视频教程。

（3）3 小时的"手机淘宝开店、装修、管理、运营、推广、安全从入门到精通"的视频教程。

（4）1 小时的"手把手教你把新品打造成爆款"的视频教程。

二、超级实用的电子书

（1）你不能不知道的 100 个卖家经验与盈利技巧。

（2）不要让差评毁了你的店铺——应对差评的 10 种方案。

（3）新手开店快速促成交易的 10 种技能。

（4）10 招搞定"双 11""双 12"。

（5）网店美工必备配色手册。

（6）商家电子支付安全手册。

三、超人气网店装修与设计素材库

（1）28 款详情页设计与描述模板。

（2）46 款搭配销售套餐模板。

（3）162 款秒杀团购模板。

（4）200 套首页装修模板。

（5）396 个关联多图推荐格子模板。

（6）500 个精美店招模板。

（7）660 款设计精品水印图案。

（8）2000 款漂亮店铺装修素材。

四、PPT 课件

本书还提供了方便、精美的 PPT 课件，以方便教师教学使用。

以上资源可通过关注以下公众号，输入图书 77 页的资源下载码，获取下载地址及密码。

资源下载

官方微信公众账号

温馨提示：更多职场技能也可以登录精英网（www.elite168.top）获得。

本书作者

　　本书由凤凰高新教育编著。本书作者为电商实战派专家，在淘宝、天猫、微店装修与设计方面有很深的造诣。本书同时也得到了众多淘宝、天猫、微店运营高手及美工高手的支持，他们为本书奉献了自己多年的实战经验，在此表示衷心的感谢。同时，由于互联网技术发展非常迅速，网上开店的相关规则也在不断变化，书中疏漏和不足之处在所难免，敬请广大读者及专家指正。若有任何建议或疑问，欢迎读者通过以下方式联系。

　　投稿信箱：pup7@pup.cn

　　读者信箱：2751801073@qq.com

目录
Contents

第3篇 宝贝图片优化篇

第4篇 网店装修实战篇

第 1 篇
网店装修入门篇

第1章
网店设计与装修快速入门

本章导读

网店装修对于店铺销售的成交起着至关重要的作用，作为一名美工从业者，应该认识到网店装修的重要性，熟悉网店设计与装修的流程，以及掌握网店美工的必备技能。下面带着这些学习目的进入本章的学习。

知识要点

通过本章内容的学习，大家能够认识到网店装修的重要性并了解网店美工这一行业。学完后需要掌握的相关技能如下。

▲ 网店装修的作用与意义

▲ 网店设计与装修流程

▲ 网店美工的现状与就业前景

1.1 网店装修的作用与意义

一个好的网店装修设计需要通过视觉传递，无论是色彩还是图片搭配，向顾客传达产品信息、服务信息和品牌理念。这样的店铺装修设计可以达到促进商品销售、树立品牌形象的目的。

1.1.1 网店装修的作用

经常有卖家遇到这样的问题，店铺流量不错，但客户进店后停留时间短，成交转化率很低。究其原因，很可能是店铺设计出了问题，没能成功吸引住买家的眼球。好的装修可以增加顾客在店铺停留的时间，漂亮恰当的网店装修，给顾客带来美的感受，顾客浏览网页时才不易疲劳，这有利于促进成交。网店装修是实现用户体验的主要方式，当顾客进入店铺，会有一个第一印象，其对店铺的感觉越好，越容易购买商品。即使只是收藏本店，也可能带来二次转化。因此，网店的装修对产品的成交转化起着至关重要的作用。

1.1.2 网店装修的意义

在线下实体店铺，以及大型商场内的商铺，外部要有门头、橱窗、活动海报等；内部要有展柜、出售的商品、导购等，而网店的展示全靠美工设计人员在店铺装修上体现出来。网店是通过对店铺页面的设计、产品主图的设计、产品推广图的设计等来实现成交的，通过文字和图片的方式对产品和店铺进行整体展示，而并不是简单的产品展示。正所谓三分靠长相七分靠打扮，网店的页面就像是附着了店主灵魂的销售员，网店的装修如同实体店的装修一样，让买家从视觉上和心理上感觉到店主对店铺的用心，并且能够最大限度地提升店铺的形象，有利于网店品牌的形成，提高浏览量。图 1-1 所示为两家店铺精心设计的店铺首页，买家从店铺的首页装修中便能看出店铺的风格与品味。

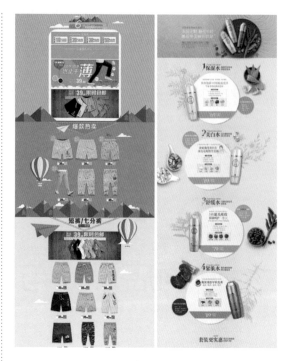

图 1-1

一个店铺的成功是产品、店铺设计、营销推广、服务、物流、客户黏性共同作用的结果。产品是店铺成功的基本前提，营销推广会为店铺带来流量和人气，服务、物流可以改善客户体验，客户黏性可以增加客户的忠诚度。而店铺设计则相当于卖场终端呈现，它搭建了买卖双方的平台。店铺的装修越好，用户回访的概率就越高，黏性就越大，店铺才越有可能成为长青树，在激烈的竞争中立于不败之地！

1.2 网店设计与装修流程

进行网店设计首先要了解网店装修的流程，在发布新宝贝前，要设计宝贝的主图及详情页，再将图片上传到图片空间，以便在发布时使用，最后再设计店铺的首页，所有的店铺设计内容要求风格统一。

1.2.1　设计新宝贝的主图、详情页

当开设一个新店时，第一步就是要上传宝贝，此时就需要有宝贝的主图、详情页。因此，店铺装修的第一步便是主图、详情页的设计。下面介绍其具体的装修步骤。

1. 确定主色和配色

所谓主色调，是指店铺里面展现最多的、最突出的、最直观的色系。该色系与LOGO同一系列最好。当然，在确定主色调前，要求设计师充分了解产品特色、卖点和传达的理念等。

所谓配色色调，是指搭配主色的颜色。如果一个版面中只有主色调，即单一的色调，会显得设计太乏味、单调，有了配色色调的交相呼应，才能让店铺装修表现得更为"生动"。

2. 素材规划

店铺装修之前，美工必须考虑整个店铺的装修风格，在拍摄照片前就必须进行全面的规划，所有的素材，特别是模特类的素材都要围绕店铺的风格进行选择。任何完美的设计都离不开大量的素材。准备设计素材是一个长期的工作，如果在店铺装修的过程中，所有的素材只当下寻找或亲自制作，这无疑给装修设计加大了难度。

所以，通常在不涉及版权问题的情况下，要利用好网络，养成善于搜集的好习惯，在自己设计时就不会盲目地寻找了。当然，也可以通过一些素材网站来寻找素材，如千图网、昵图网、花瓣网、500px等。

3. 图片设计制作

无论是主图还是详情页，拍摄好的商品、模特展示等图片都需要在Photoshop软件后期进行美化处理，然后配上文案内容，进行排版设计制作，这也是美工人员工作的重点。

4. 切片处理

若将详情页设计在一个文件中，整张图片占用的空间是非常大的，如果直接上传到网店，打开的速度会非常慢。因此，需要使用切片工具，将设计好的图片进行无缝切片和优化处理后再一一上传。

1.2.2　使用"图片空间"上传、管理图片

淘宝图片空间是用来储存淘宝商品图片的官方存储空间，能迅速提高页面和宝贝图片的打开速度，便于卖家管理店铺图片。在店铺装修时，可以将装修图片与产品图片分开，并且产品图片可以按时间或按产品型号、季节等方式在图片空间进行分类存放。具体操作步骤如下。

Step01　进入卖家中心，❶单击【店铺管理】选项卡中的【图片空间】链接，如图1-2所示。为了便于管理，可以将同类图片放到一个文件夹中，❷单击【新建文件夹】按钮，如图1-3所示。

图1-2

图1-3

Step02　❶输入文件名称，❷单击【确定】按钮，如图1-4所示。❸双击新建的文件夹，将其打开，如图1-5所示。

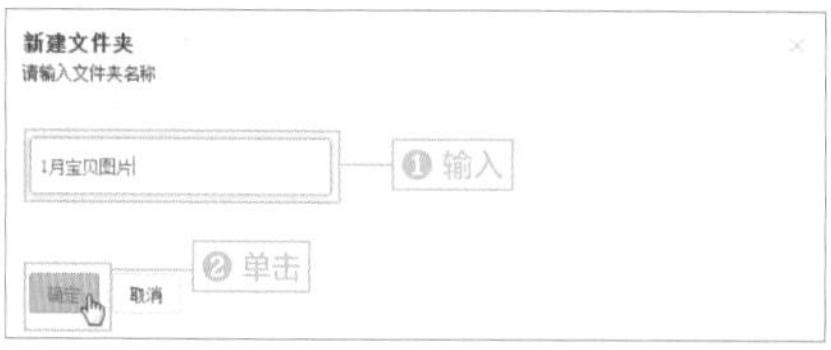

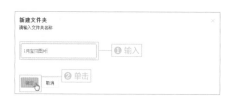

图 1-4

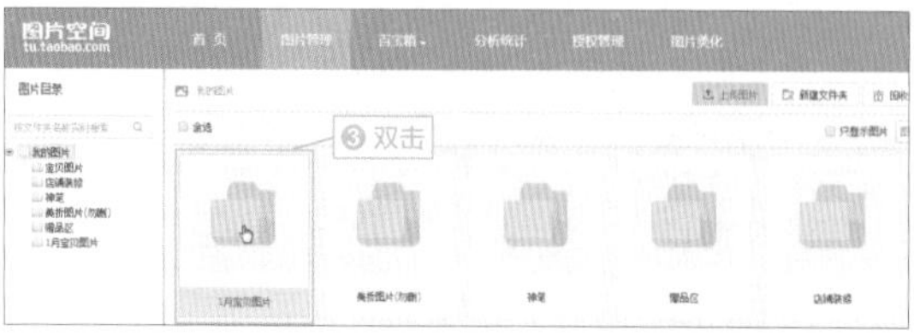

图 1-5

Step03 在打开的文件夹中单击【上传图片】按钮，如图 1-6 所示。

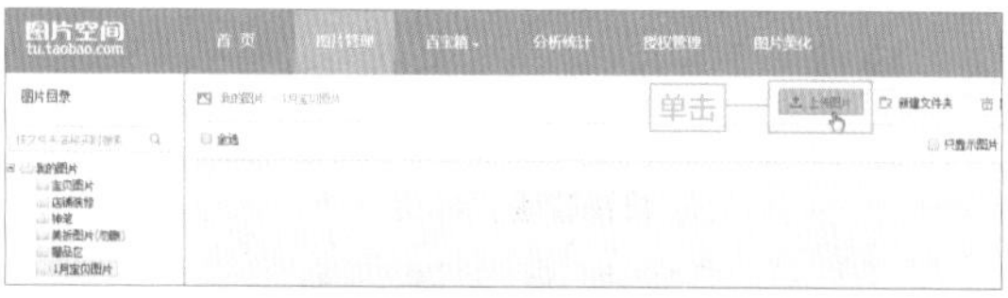

图 1-6

Step04 ❶ 单击【点击上传】按钮，如图 1-7 所示。❷ 选择要上传的宝贝图片，可选择单张或多张，❸ 单击【打开】按钮，如图 1-8 所示。

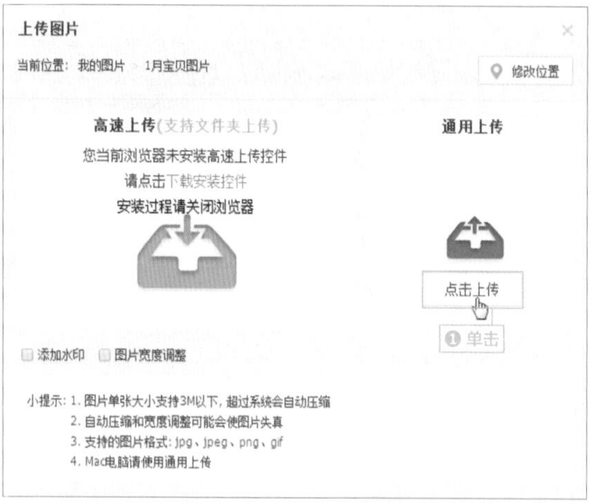

图 1-7

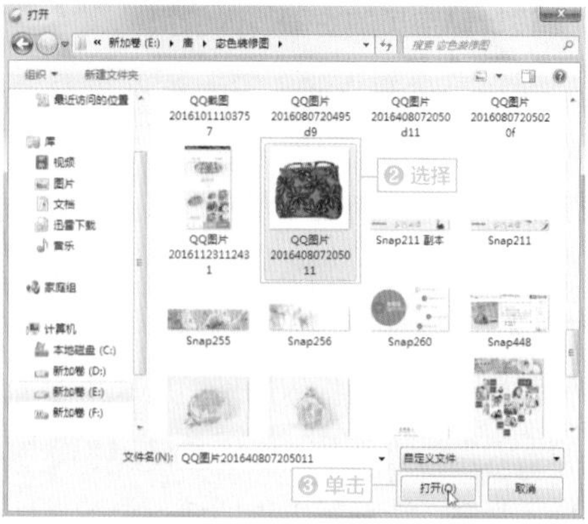

图 1-8

Step05 选中已上传的宝贝，在其上方会出现一排按钮，可以对宝贝进行重命名、删除等操作，如图 1-9 所示。

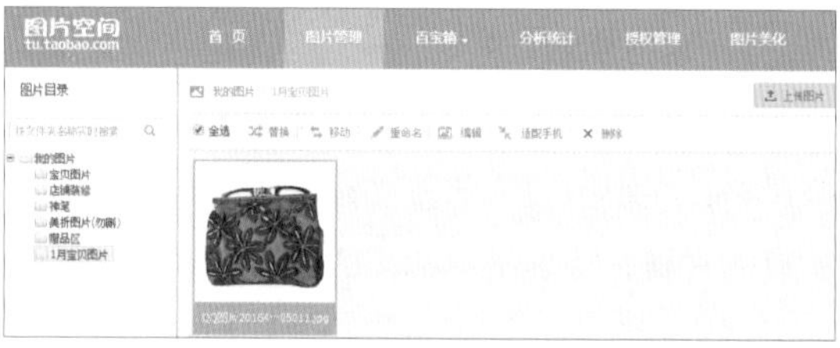

图 1-9

1.2.3 设计与装修店铺首页

网店首页装修可以在装修市场中购买装修模板，美工也可以自己设计。淘宝网店装修有基础版、专业版、智能版 3 种，其中基础版是免费使用的，专业版一钻以上是付费使用的，智能版是全付费使用的。图 1-10 所示为基础版与专业版的区别，黄色区域为专业版，白色区域为基础版。

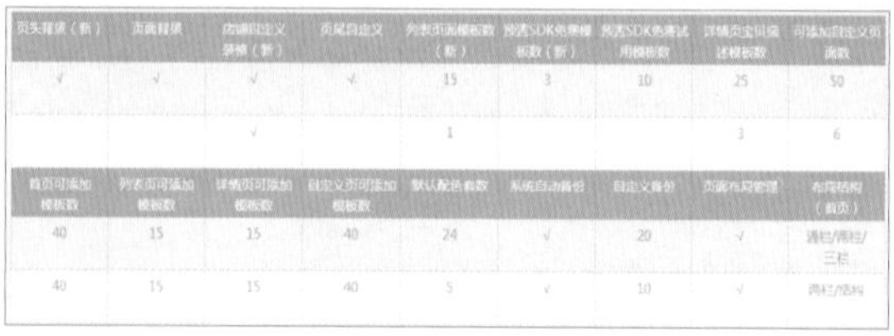

页头背景（新）	页面背景	店铺自定义导航（新）	页尾自定义	列表页面模板数（新）	无线SDK免费模板数（新）	无线SDK免费试用模板数	详情页宝贝描述模板数	可添加自定义页面数
√	√	√	√	15	3	10	25	50
		√		1			3	6

首页可添加模板数	列表页可添加模板数	详情页可添加模板数	自定义页可添加模板数	默认配色套数	系统自动备份	自定义备份	页面布局管理	布局结构（首页）
40	15	15	40	24	√	20	√	通栏/两栏/三栏
40	15	15	40	5	√	10	√	两栏/结构

图 1-10

在网站首页设计的过程中，需要注意以下几点。

1. 首页的布局要重点突出、陈列有序、流畅贯通、创意独特

所谓重点突出，是指在视觉热点集中的页头位置布局主款、新品、热卖等营销重点产品，并以强有力的视觉冲击抓住消费者的眼球，如图1-11所示，将热卖款放在了显著的位置。

图 1-11

2. 在有限的空间内进行产品的合理陈列

首页的空间是有限的，如何在有限的空间内进行产品的合理陈列，直接影响到买家的视觉体验。陈列的功能既追求视觉的价值塑造，又致力于最高效的空间功能规划。不能在首页展示太多不必要的产品，也不要在首页出现同款产品浪费位置。陈列时要充分利用首页每屏空间，建议每行可以展示3~5个，如图1-12所示。

图 1-12

3. 进行分类导航

在首页显著位置加上产品分类导航，以便于消费者快速准确地找到所需产品，如图1-13所示。

图 1-13

技术看板

网店首页装修都有哪些误区

在首页装修过程中，如果不注意细节问题，容易陷入淘宝店铺装修的误区，具体有以下几点。

（1）配色过多，让人看了就一个感觉：貌似进了一个杂货铺。

（2）店铺首页装修不能抓住重点，完全根据店主自我的喜好想当然地进行设计装修，得不到买家的认同。

（3）使用超级大的图片导致加载起来很慢，买家会因没有耐心等待而关掉网页。

1.3　网店美工的现状与就业前景

目前有很多培训学校开设了网店美工的课程，可见其热门程度。那么网店美工的现状是怎样的？又有怎样的就业前景呢？

1.3.1　走进网店美工行业

淘宝网目前已有1000多万卖家，延伸出许多的周边岗位，如运营、美工、客服等。在产品严重同质化的今天，好的店铺装修、精美的产品图片能大大提升成交转化率，而这些都是网店美工来完成的。网店美工是淘宝网店页面编辑美化工作者的统称，日常工作包括网店装修、图片处理、页面设计、美化处理、促销海报设计、商品描述详情设计、专题页设计等工作内容。

目前网店美工有以下几类。

（1）刚毕业的大学生或刚从培训学校出来的学生，无美工工作经验，PS 技术一般，没有设计思路。

（2）有 1~2 年工作经验，PS 技术熟练，有自己的设计风格。

（3）有丰富的美工经验，PS 技术专家级，但不懂运营。

（4）有经验、有技术、懂用户、懂运营，但这种优秀的美工是凤毛麟角的。

目前很多商家都不满意自己的美工水平，认为美工设计的页面总是转化不好。那么商家都喜欢用什么样的美工呢？要做得了设计，干得了装修，当得了运营，客串得了客服，但是这样的全能型人才不是大公司总监就是自己在做项目。

网店美工作为整个店铺视觉营销设计与装修最终的执行者，还面临着与运营、文案之间的沟通问题。运营说美工页面转化不好，美工说运营低俗；文案说美工不懂文艺，美工说文案太矫情，等等。其实解决这个问题很简单，如果你是一个很强的运营，又是设计大师，更是文案高手，这些问题还是问题吗？有人会说这是不可能的，看起来的确是，因为没有多少人能那么全能，但通过假设可以看出问题所在，即要在思想同步的基础上进行沟通。作为美工要不断提升自己，达到与运营、文案同等的高度，才能畅快地交流。

1.3.2 网店美工的就业前景

淘宝网自成立以来迅速扩大影响，2014 年"双 11"，淘宝天猫市场交易规模为 600 亿；2015 年"双 11"交易规模为 912 亿；2016 年的"双 11"总交易额超 1207 亿。淘宝的火热让大量商家涌入，同时也造成了大量的淘宝美工人才的缺口。随着电子商务竞争的日益白热化，市场对优秀美工的需求将越来越大。

据相关资料统计，初级网店美工工资为 3000~3999 元 / 月，中级网店美工工资在 4000 元 ~5999 元 / 月，高级网店美工工资为 6000~9999 元 / 月，有 3 年以上工作经验的专家级美工工资在 10000 元 / 月以上，如图 1-14 所示。如果有自己的工作室，或者是兼职接一些项目，收入更是可观。网店美工的就业前景一片光明，如果你喜欢设计，那么网店美工一定会是个不错的选择。作为网店美术工程师不仅可以享受物质上的优越，更是一种精神上的享受。

招聘网店美工--专业的美工招聘雇佣平台—首页		
助理级美工	月薪要求:1500-2999元/月	工作经验:1年以内
初级美工	月薪要求:3000-3999元/月	工作经验:1-1.5年
中级美工	月薪要求:4000-5999元/月	工作经验:1.5-2年
高级美工	月薪要求:6000-9999元/月	工作经验: 2-3年
专家级美工	月薪要求:10000元/月以上	工作经验:3年以上

图 1-14

美工经验

成为一名优秀美工的必备技能

美工从业人员是对整个店铺视觉营销设计与装修的最终执行者，在整个工作流程中显得尤为重要，必须掌握相应的专业技能，才能胜任此工作。

1. 软件技能

工欲善其事，必先利其器。不管做什么工作，都离不开工具。一个合格的美工人员，需要掌握几款常用的软件。

对于美工来说，最重要的两个软件就是 Photoshop 和 Dreamweaver。主要使用 Photoshop 设计页面，Dreamweaver 进行一些简单的代码编辑和页面的特效设计。Photoshop 和 Dreamweaver 均为美国 Adobe 公司开发的软件。Photoshop 主要用于图像编辑、图像合成、校色调色及特效制作、抠图排版、美化产品图等，用于设计店铺首页、宝贝描述页、活动推广页、打造爆款设计与制作。Dreamweaver 常与 Photoshop 配合使用，将设计效果在页面中显示出来，并实现一些基础的网页特效。图 1-15 所示为 Photoshop 操作界面，图 1-16 所示为 Dreamweaver 操作界面。此外，作为一名美工，最好还能够运用 Illustrator 或 CorelDRAW 任一款矢量软件，并能够制作简单的 Flash 动画。

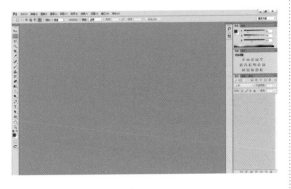

图 1-15

图 1-16

2. 设计技能

作为一名优秀的美工，除了熟练掌握软件的操作之外，更重要的是学会如何做设计，如何利用视觉营销引导消费。有不少美工有很好的技术，但做出来的设计给人感觉很廉价，缺乏品牌感。页面里有品牌感的商品，买家看了比较信任，能放心地购买。好的美工设计，要有审美的眼光，有深厚的美术功底，能将色彩、文字、版式等随心所欲地运用；要懂客户，做出客户想要看到的网店装修设计。要根据网店的风格进行设计，就像一个八面玲珑的人，知道在什么场合说什么话。

3. 沟通能力

有效的沟通能力是设计师所需要具备的基本素养。我们无法干涉或改变客户，只能把自己做好，去主动、有意识地引导整个设计过程。客户提出的某个需求，弄清楚背后的原因是什么，解决问题的方式是不是只有这一种才能达到目的。通过充分地沟通挖掘真正的原因，提升客户在整个设计流程中的参与感，让他们感受到自己的意见是被认真对待的，然后有理有据地将自己的设计推销出去。

第2章
网店设计必学的三大美学知识

本章导读

　　作为一名美工，除了对设计软件的熟练外，更重要的是掌握设计的美学知识，包括色彩的正确搭配应用、文字的设计与编排、版式的布局。本章将具体介绍网店装修设计中的美学知识。

知识要点

　　通过本章内容的学习，大家能够学习到网店装修的美学知识。学完后需要掌握的相关技能知识如下。

▲ 色彩的正确搭配应用

▲ 文字的设计与应用

▲ 版式的布局

2.1　色彩的正确搭配应用

在网店设计中，色彩是非常重要的要素。本节将介绍色彩的三要素、色彩的混合、色彩的情感、色彩的心理感应等相关知识。

2.1.1　色彩的三要素

任何一种色彩，都具有一定的明度、色相和纯度，这是色彩的基本要素，称为色彩的三要素，世界上成千上万的颜色都是通过色彩三要素的组合变化得到的。

1. 明度

明度是指色彩的明暗程度。物体受光量越大，反光越多。黑色是反光率最低的色，而白色是反光率最高的色。将黑色和白色列在色彩明度的两极，黑色作为零度色标，白色作为 10 度色标，它们之间的色分为 9 个明度色标，形成了一个明度色阶序列，如图 2-1 所示。

图 2-1

在有彩色中，黄色明度最高，紫色明度最低，如图 2-2 所示，是这两种颜色的对比效果。任何有彩色中加入白色，明度增加；加入黑色，明度降低。图 2-3 所示为在紫色中分别加入白色、黑色后的明度对比效果。

图 2-2　　　　　图 2-3

2. 纯度

纯度也称为饱和度，即色彩所含的单色相饱和的程度，也称为彩度。决定色纯度的因素是多方面的。从光的角度上讲，光波波长越单一，色彩越纯；光波波长越混杂，色彩越不纯。例如，当各色彩光波波长比例均衡时，使各单色光的色性消失，纯度为零。任何一个标准的纯色，一旦混入黑、白、灰色，色性纯度都会降低，混入越多色彩越灰。同一高纯度色彩在强光或弱光的照射下，色彩的纯度也相应降低。图 2-4 所示为纯度高低的颜色效果图。

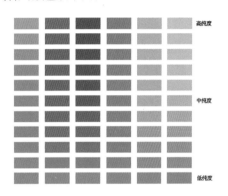

图 2-4

3. 色相

色相是色彩的相貌，是一种色彩区别于另一种色彩的表面特征，它是由光的波长引起的一种视觉感。光和物体的色相千差万别，为了便于归纳组织色彩，下面将具有共性因素的色彩归类，并形成了一定的秩序，如大红、深红、玫瑰红、朱红及不同明度、纯度的红色，都归入红色系中。色相秩序的确定是根据太阳光谱的波长顺序排列的，即红、橙、黄、绿、蓝、紫等，它们是所有色彩中最突出的、纯度最高的典型色相。图 2-5 所示为常见的 12 色相环。

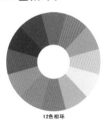

图 2-5

色彩的三属性是互相依存、互相制约的，很

难截然分开。其中任何一个属性的改变，都将引起色彩个性的变化。

2.1.2 色彩的混合

本节将介绍三原色及色彩的加色混合与减色混合，希望读者能掌握色彩混合的原理，可以任意地混合颜色。

1. 三原色

三原色分为光的三原色与颜料的三原色。色光的三原色是红、绿、蓝（蓝紫色）；颜料的三原色是红（品红）、黄（柠檬黄）、青（湖蓝）。

2. 加色混合

色光混合变亮，称为加色混合。红绿蓝三光叠加为白，是计算机、电视、手机发光配色原理，成为加色模式，如图 2-6 所示。

从图 2-6 中可以看出，用加色混合可得出：

红光 + 绿光 = 黄光

红光 + 蓝紫光 = 品红光

图 2-6

蓝紫光 + 绿光 = 青光

红光 + 绿光 + 蓝紫光 = 白光

红光 + 绿光（不同比例）= 橙、黄、黄绿

红光 + 蓝紫光（不同比例）= 品红、红紫、紫红蓝

紫光 + 绿光（不同比例）= 绿蓝、青、青绿

红光（不同比例）+ 绿光（不同比例）+ 蓝紫光（不同比例）= 更多的颜色

3. 减色混合

颜料混合变暗，称为减色混合。有色物体（包括颜料）能够显色，是因为物体对光谱中的色光选择吸收和反射的结果。两种以上的颜料混合在一起，部分光谱色光被吸收，光亮度被降低。印染染料、绘画颜料、印刷油墨等各色的混合或重叠，都属于减色混合。品红、柠檬黄、青 3 种颜料原色加在一起，混成黑色，称为减色混合，如图 2-7 所示。

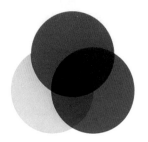

图 2-7

从图 2-7 中可以看出，用减色混合可得出：

品红 + 黄 = 红

青 + 黄 = 绿

青 + 品红 = 蓝

品红 + 青 + 黄 = 黑

在色彩学中，品红、黄、青三原色称为一次色；两种不同的原色相混合所得的色称为二次色，又称为间色，红、绿、蓝即为间色；两种不同间色相混合所得色称为三次色，又称为复色。

2.1.3 色彩的情感

人们长期生活在色彩的世界中，积累了许多视觉经验，视觉经验与外来色彩刺激产生呼应时，就会在心理上引出某种情绪，不同的色彩会让人产生不同的情感。

● **红色**：活泼、生动、强烈、热情，象征着希望、生命，用于传达有活力、积极、热诚、温暖、前进等含义的企业形象与精神，长时间观察红色会有不安、紧张、冲动的反应，也用来作为警告、危险、禁止、防火等标示用色。图 2-8 所示为红色页面，烘托出一种喜庆、热闹的气氛。

图 2-8

● **橙色**：具有富丽、辉煌、炙热的感情意味，是十分欢快活泼的色彩，是暖色系中最温暖的颜色，是一种富足的、快乐而幸福的色彩。橙色明度高，在工业安全用色中，是警戒色，在运用时要注意选择搭配的色彩，这样才能把橙色明亮活泼具有口感的特性发挥出来。图 2-9 所示为以橙色为主的页面，可以增加食欲，促成购买。

图 2-9

● **黄色**：是色彩中最亮的颜色，具有快乐、活泼、希望、光明的感受。虽能带来尖锐感和扩张感，但缺乏深度，所以在警示色中多用黄色。图 2-10 所示的黄色页面给人以明亮、童真的感觉，同时又能引起人的食欲。

图 2-10

● **绿色**：代表永远、和平、年轻、新鲜的意味。由于它有安宁、静止的特性，能舒缓人们疲劳的脑神经和视觉神经。在网店设计中，绿色所传达的清爽、理想、希望、生长的意象，符合服务业、卫生保健业的诉求。图 2-11 所示的大面积绿色，带给人们安全、绿色环保、春意盎然的感觉。

图 2-11

● **蓝色**：经常用于表示男性的颜色，蓝色是最冷的色，表现出冷静、理智、透明、广博等特性，与积极火热的红色、橙色相比，是一种内敛的、收缩、学习的色彩，是永恒的象征。由于蓝色具有沉稳理智、准确的意象特征，因此，在强调科技、效率的商品或企业形象的网店设计中，大多选用蓝色。图 2-12 所示的蓝色页面，带给人们清新、凉爽、大海的感觉，与护肤品补水的主题相契合。

图 2-12

● **紫色**：紫色表现出一种神秘、优雅的感觉，由于具有强烈的女性化性格，在网店设计用色中，紫色多用于与女性有关的商品。图 2-13 所示的紫色页面给人以浪漫、温馨的感觉。

图 2-13

● **黑色**：黑色可以激发自信和力量，象征着威信、重量、稳重、严肃、高贵、孤独、神秘，在网店设计用色中，黑色多用于与男性有关的商品或企业形象。黑色能让和它相配的颜色看上去更明亮，如图 2-14 所示。

图 2-14

● **白色**：白色是最干净纯粹的颜色，给人清洁、神圣、洁白、纯洁、柔软的感觉。白色让画面空间干净、整洁，是万能搭的颜色，和任何颜色都能很好地搭配，黑、白、红是最为经典的搭配，如图 2-15 所示。

图 2-15

● **灰色**：灰色是白色和黑色平衡的结果，是一种中庸的颜色，不会引起强烈的情感变化。灰色给人以安全、可信、谦虚、成熟、智能、才智、平凡的感觉，在网店设计中，多用于男性商品，与鲜艳的色彩搭配，能起到很好的烘托作用，如图 2-16 所示。

图 2-16

2.1.4　色彩的心理感应

不同色相、纯度、明度的色彩会给人以不同的心理感受，如兴奋、悲伤、沮丧等，本节将介绍不同色彩带给人的不同心理感受。

1. 色彩的软硬感

色彩的软硬感主要取决于明度和纯度，与色相关系不大。明度较高，纯度又低的色有柔软感，如图 2-17 所示，淡淡的马卡龙色让人觉得柔软。明度低，纯度高的色彩有坚硬感，如图 2-18 所示。

图 2-17

图 2-18

图 2-19 所示的低明度、低纯度的咖啡色给人以坚硬、浓郁的感觉。图 2-20 所示的高明度、低纯度的蓝色衬托的画面给人以柔软的感觉，与"冬"的主题相符。

图 2-19

图 2-20

2. 色彩的冷暖

冷色有青、紫、蓝、绿等，暖色有红、橙、黄等，如图 2-21 所示。黑白灰既不是冷色，也不是暖色，为中性色。冷色平静镇定、舒缓淡泊；暖色生动活泼、积极有力。

图 2-21

色相的冷暖带给人兴奋与沉静感。暖色系予人以兴奋感，冷色系予人以沉静感。图 2-22 所示的推广图中大面积的橘色给人以温馨的家的感觉。

图 2-23 所示的推广图以蓝色为背景，让人联想到大海，给人以清爽、沉静的感觉。

图 2-22

图 2-23

3. 色彩的重量感

色彩重量感与明度、纯度、色相有关。就色相来讲，冷色轻，暖色重。明度高的颜色、冷色显得轻，如图 2-24 所示。明度低的颜色、暖色显得重，如图 2-25 所示。

图 2-24

明度相同时，纯度高的颜色比纯度低的颜色显得更轻。图 2-26 所示的高纯度颜色显得轻，图 2-27 所示的低纯度颜色显得重。

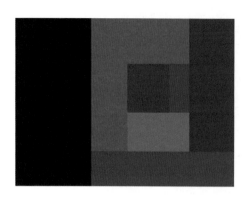

图 2-25

图 2-26

图 2-27

图 2-28 所示的淘宝页面，背景为蓝色加黑色的低明度、低纯度颜色，显得厚重、神秘。

图 2-28

图 2-29 所示的淘宝页面，背景为蓝色加白色的高明度颜色，显得十分轻巧，会让人联想到女

士穿上鞋子后走路轻盈的姿态。

图 2-29

美工经验

店铺装修配色攻略

店铺装修配色分为单张图内部配色和网店整体配色两种形式，下面分别介绍它们的配色方法。

1. 单张图内部配色

对于店铺单张图内部的配色，配色的元素有图形、文字、背景色，在配色时颜色要和内容相符。文字与图形颜色的选择，要考虑单张图内部的整体搭配，颜色不宜过多，多则乱。选择图中已有的颜色即可，让同一颜色或其明度、纯度稍做变化后的颜色多次重复出现。图 2-30 所示的推广图中，模特身着白色、红条纹的服装，图框中白色色块、红色文字在颜色、面积上均与服装相呼应。

图 2-30

2. 整体配色

在设计网店首页、详情页时，还要考虑其整体的配色。整体配色要求颜色与内容相符，整体协调统一。图 2-31 所示为一家少女系女装店的首页，

颜色以白色为主，搭配浅紫、粉红、浅黄等马卡龙色作为装饰，甜蜜而小清新。图 2-32 所示为一个面膜的详情页，整个页面是一气呵成的高明度、低纯度的浅蓝色，让人联想到清爽、水嫩的皮肤。

图 2-31　　　　图 2-32

2.2　文字的设计与应用

与图形相比，文字对信息的传达更直观、更有力。一名优秀的网店美工，必须要掌握文字设计的方法。

2.2.1　字体的分类

字体分为印刷字体与设计字体，印刷字体是在软件中可直接使用的字体，设计字体是自由设计的字体，可以在印刷字体的基础上做局部变化，也可以抛开印刷字体进行设计。

1. 印刷字体

作为"手书体"对应的概念，"印刷体"特

指以几何线型组成的字样。印刷字体是安装于计算机中，可以直接使用的字体，常用的字体有方正字库、文鼎字库、汉仪字库。汉字的基本印刷字体发源于楷体，成熟于宋体，繁衍出仿宋、黑体及现代的多种字体。图 2-33 所示的文字均为印刷字体。

图 2-33

2. 设计字体

设计字体又称为美术字，是经过加工、美化、装饰而成的文字，是运用装饰手法美化文字的一种书写艺术，是艺术加工的实用字体。印刷体是字体设计的基础，而字体设计则是印刷体的发展，它们构成了字体设计的主要内容。美术字的设计一般先画草图，再在设计软件中制作出来。图 2-34 所示的文字"备"为设计字体，通过变形，将数字"2"融入文字"备"中。

图 2-34

2.2.2　了解文字的编排规则

文字的编排规则，可分为内容可读性、位置合理性、设计创造性三大部分。

1. 内容可读性表现

（1）合适的字体。

在视觉媒体中，文字的编排直接影响了版面的视觉传达效果。合适的字体必须满足整个版面的设计需求和整体风格的搭配，合适且容易辨别的字体，能有效地传达主题理念。如图 2-35 所示，背景为立体的棱角分明的图形，所以在选择字体时，也选择此类字体。

图 2-35

（2）字号设置。

通常，设计师会采用不同的字号来区分活动主题、时间和详情等，字号的设置能清楚地表现版面的信息层级，方便阅读者第一时间获取重要信息，如图 2-36 所示。

图 2-36

（3）文字间距。

文字间距是指文字内容中，文字与文字、文字与字母或字母与字母之间的间隔。不同的文字间距呈现的效果是不同的，如图 2-37 所示。图左

为正常字距的效果，图右为间距变大后的效果，变大后版面稀疏不紧凑。

图 2-37

所以，文字设计必须考虑视觉舒适度，要注意控制文字间距，间距过大会显得版面稀疏，但是间距过小，识别起来会比较困难。

（4）文字行距。

当版面中的文字数量达到一定的量时，"行距"的概念就出现了，行距是指多行文字中行与行之间的距离。为了保证读者的顺利阅读，保持适当的行距是文字编排的重点，通常行距要大于字距，如图 2-38 所示。

图 2-38

（5）字体之间的搭配。

一个版面中，可能会用到多种字体。各式各样的字体不仅能使版面排列更加丰富，而且能增加层次关系的清晰度。合适的字体搭配是版面设计成功的重要因素之一，如图 2-39 所示。

图 2-39

（6）语义断句。

在版面设计中，语义断句是重要规则之一，合理断句能帮助阅读者阅读和理解。相反，不合理的断句会扰乱读者思维，甚至引发歧义。

2. 位置合理性表现

在视觉传达的过程中，文字作为画面的形象要素之一，具有传达感情的功能，因而它必须具有视觉上的美感和合理性。文字编排在不同的位置，会使整体的设计呈现出不同的效果。所以，文字编排必须首先考虑到整个版面排版，要符合整体设计要求，不能有视觉上的冲突或容易引起视觉混乱的编排，如图 2-40 所示。

图 2-40

文案的编排是将文字的多种信息组织成一个整体的形，其目的是使其层次清晰、有条理、富于整体感。在图形配置时，主体更为突出，空间更统一。

3. 设计创造性表现

根据产品的主题要求，突出渲染文字的个性色彩，创造独具特色的表现形式，增强视觉冲击力，更有利于设计理念的体现。设计创造时，应从字的形态特征与组合上进行探求，大胆设计，大胆想象与创造，这样才能设计出富有个性的文字，使其外部形态和设计格调都能引起人们的共鸣。

2.2.3　创意文字设计的方法

创意文字设计的方法有笔画性变化和具象性

变化，本节将详细介绍它们的方法。

1. 笔画性变化

抽象的点、横、竖、撇、捺是构成笔画最必需的元素，而笔画又是构成字体的最基本单位，字体设计首先从笔画开始。笔画性变化有笔形变异和笔画共用两种方法。

（1）笔形变异。

对笔画的形态做一定的变异，这种变异是在基本字体的基础上对笔画进行改变。笔形变异有3 种方法，下面分别介绍。

● 运用统一的形态元素。

运用统一的形态元素即通过文字的设计在几个文字中加入相同的元素，但变化不宜过大，要保留文字的识别性。图 2-41 所示的文字"我要回头率！"中多次用到了"圆"这一统一要素。

图 2-41

● 在统一形态元素中加入不同的形态元素。

加入不同的形态元素只需要较少的文字，一般为单个字做变化。图 2-42 所示的标题文字"周末疯狂购"中的文字"疯"融入了闪电的元素营造气氛。

图 2-42

● 拉长笔画。

拉长笔画是将文字局部的笔画延长，既富有动感又可以起到分割版面的作用。图 2-43 所示的文字"入"做了拉长笔画的设计，避免了单调乏味，丰富了画面。

图 2-43

（2）笔画共用。

既然文字是线条的特殊构成形式，是一种视觉图形，那么，在进行设计时，就可以从纯粹的构成角度，从抽象的线性视点来理性地看待这些笔画的同异，分析笔画之间相互的内在联系，寻找它们可以共同利用的条件。借用笔画与笔画、中文字与拉丁字之间存在的共性而巧妙地加以组合。图 2-44 所示的标题中将文字"这""货""卖"的笔画共用。在使用笔画共用时要注意笔画的共用不可牵强，要恰到好处。

图 2-44

2. 具象性变化

根据文字的内容意思，用具体的形象替代字体的某个部分或某一笔画，这些形象可以是写实的或夸张的，但是一定要注意到文字的识别性。图 2-45 所示的标题文字中的"周"即用具象的时钟替换"周"中的部分笔画。

图 2-45

2.2.4　字体与装修风格的搭配

设计方案的确立决定了整个设计项目的设计风格，如轻松、严肃、古典、现代、自由、传统等，不同的字体有不同的特点，设计师选择的字体需要和整个设计风格相吻合。下面列出了不同行业常用的字体，可供参考。

● 化妆品类的品牌多用纤细、秀丽的字体，以显示柔美秀气的内涵。

● 手工艺品类的品牌多用不同感觉的手写体，以表现手工艺品的艺术风格或古典情趣。

● 儿童食品与玩具，其品牌多用充满稚气的活泼字体。

● 五金工具，其品牌多用方头、粗健的字体，以表示金属工具的刚劲坚韧。

● 传统的工艺品、仿古制品、民间艺术品等，其标志名称常用古典字体。

● 高科技电子产品、钟表、时装、汽车等，其品牌名称常采用有时代感的字体。

图 2-46 所示的文字"狂野性情"选用了毛笔字体，其字体形态的狂放不羁与文字的含义不谋而合，洒脱恣意，用得恰到好处。

图 2-46

2.2.5　文字层级的划分

一个设计项目中，根据文字的地位可以将文字划分为不同的层级，如大标题、小标题、正文等，处于不同文字层级的文字对字体的要求也不尽相同。大标题的字体要求突出、醒目，正文的字体则要求清晰易读。

文字可以分为 3 种层级，只有层级清晰，才能表现出画面中的主次关系。第一层级是首要文字，也就是大标题。第一层级的字体一定要有足够的吸引力，将读者的注意力吸引过来。第二层级是次要文字或主题，次要文字是在标题之后正文之前，读者可能要看到的文字，包括小标题、说明文字、引题、导语等。第三层级是正文，为正文选择字体的目的是让读者轻松舒适地进行阅读，而不是和首排文字一样玩各种花样来吸引读者，所以清晰易读是首要原则。图 2-47 所示的图片中展示了文字的 3 种层级。

图 2-47

美工经验

写好文案就成功了一半

文字在视觉要素中是最有传达力度的，广告文案的写作尤其重要，可以说，写好文案就成功了一半，好的文案一定要让买家看了产生购买的欲望。

1. 网店文案的类型

（1）主图文案。

在淘宝 SEO 搜索中，主图的展示时间有限，所以文案一定要一目了然、简明扼要，用简化的语言表述出主题。

（2）详情页文案。

详情页内容丰富，文案多与图片结合。文案要求有层次感，循序渐进、逻辑清晰。

（3）广告文案。

首焦图、钻展等广告文案要有画龙点睛的广告语，让买家怦然心动。

2. 如何写出优秀的网店文案

淘宝网店的广告文案需要怎样写呢？下面介绍优秀网店文案写作的方法。

（1）简单直接，切忌繁杂。

在网络环境下，消费者看广告文案的时间只有几秒钟，这就要求广告语要简洁精练地传递信息，只选最重要的内容进行突出显示，弱化其他内容，并删除一切不必要的文字。

（2）通过对比，凸显产品品质。

例如，卖真丝的卖家，怎样证明自己的宝贝是正品呢？第一可以和同行对比，从细节处告诉卖家你更优质；第二可以用专业知识告诉买家，如何判别真丝的真假。

（3）低价产品强调品质，高价产品强调价值。

人是矛盾的综合体，买家都喜欢物美价廉的产品，但又怕低价的产品会有质量问题。这时，就要卖家能给买家以信心，让其相信真的有物美价廉的产品。除了图片表现外，文案的描述也非常必要。图 2-48 所示的质检报告，文案的说明起了至关重要的作用。

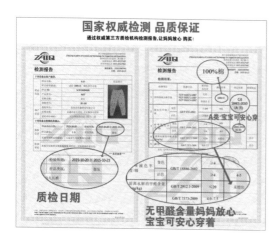

图 2-48

对于高价产品，则要说明为什么和同类产品比，你的宝贝价格更高。图 2-49 所示的文案"以时尚之名，向艺术致敬"，将产品拉升至艺术的高度，与同类普通产品泾渭分明。

图 2-49

（4）渲染有力，营造热闹气氛。

好的文案要让人热血沸腾，给人以紧迫感、万人抢购的感觉，而不是看了跟没看过一样，不能记住，也不会产生行动。

（5）巧妙使用谐音，朗朗上口。

当某句俗语或成语与产品表达的意思一致时便可使用，有时为了广告效果，还会将其中的某个字变为同音的另一个字，如图 2-50 所示，广告文案"羽众不同"，"羽"与"与"同音，用成语传达出高品质羽绒服这一概念。

图 2-50

2.3 版式的布局

版式的布局能影响店铺的销售，一个好的页面布局，一定是能让消费者看得轻松、愿意看的版式，本节介绍版式布局的相关知识。

2.3.1 什么是版式设计

所谓版式设计，就是在版面上有限的平面"面积"内，根据主题内容要求，运用所掌握的美学知识，进行版面的分割，将版面构成要素中的文字、图片等进行组合排列，设计出美观实用的版面。

2.3.2 版式设计的类型

版式设计的基本类型有满版型、上下分割型、左右分割型、曲线型、倾斜型、对称型、中心型、并置型和包围型。

1. 满版型

版面以图像充满整版，主要以图像为诉求，视觉传达直观而强烈。文字的配置压置在上下、左右或中部的图像上。满版型给人以大方、舒展的感觉，是商品广告常用的形式。图 2-51 所示为满版型版式。

图 2-51

2．上下分割型

把整个版面分为上下两部分，在上半部或下半部配置图片，另一部分则配置文案。配置有图片的部分感性而有活力，而文案部分则理性而静止。上下部分配置的图片可以是一幅或多幅。图2-52所示为上下分割型版式。

图 2-52

3．左右分割型

把整个版面分割为左右两部分，分别在左或右配置文案。当左右两部分形成强弱对比时，则造成视觉心理的不平衡。这仅仅是视觉习惯上的问题，也自然不如上下分割的视觉流程自然。不过，倘若将分割线虚化处理，或者用文字进行左右重复或穿插，左右图文则变得自然和谐。图2-53所示为左右分割型版式。

图 2-53

4．曲线型

图片或文字在版面结构上做曲线的编排构成，产生节奏和韵律。图2-54所示为曲线型版式。

5．倾斜型

版面主体形象或多幅图做倾斜编排，造成版面强烈的动感和不稳定因素，引人注目。图2-55所示为倾斜型版式。

6．对称型

对称的版式给人以稳定、庄重理性的感觉，对称有绝对对称和相对对称两种。一般多采用相对对称，以避免过于严谨。相对对称中一般以左右对称居多。图2-56所示为相对对称型版式。

图 2-54

图 2-55

图 2-56

7．中心型

中心型版式产生视觉焦点，使其强烈而突出。中心有3种概念，一是直接以独立而轮廓分明的形象占据版面中心；二是视觉元素向版面中心聚拢运动的向心；三是犹如将石子投入水中，产生一圈圈向外扩散的弧线运动的离心。图2-57所示为中心型版式。

图 2-57

8. 并置型

将相同或不同的图片做大小相同而位置不同的重复排列。构成的版面有比较、说解的意味，给予原本复杂喧嚣的版面以次序、安静、调和与节奏感。图 2-58 所示为并置型版式。

图 2-58

9. 包围型

用图案或图形将四周围起来，使画面产生喧闹热烈的气氛，从而加深主题，起到烘托作用。围起来使空间有了约束，限定了范围，同时也强调了保护作用，增加了稳定感。图 2-59 所示为包围型版式。

图 2-59

技术看板

版式设计时，如何把握文字与图形的位置关系

位置关系是指文字与图形的位置关系，有前后叠压的位置关系和疏密的位置关系两种形式，这两种形式均可产生空间感。

（1）前后叠压的位置关系。

前后叠压的位置关系产生强节奏的三维空间层次，叠压在模特身后的英文，给人强烈的空间感，这类文字一般作为图形使用，起装饰作用，对识别性无要求。同时 T 恤上的图案巧妙地放在了文字与模特之间，又形成了一级空间。将服装上的图形作为背景图形使用也是一种创意设计的方法。

（2）疏密的位置关系产生的空间层次。

疏密的位置关系可以产生空间层次感。主体集中于画面中心，以大三角形图形作为装饰，两侧分散的稀疏的位置与透明度变化的小三角形与中间的主体形成一种空间层次感。

美工经验

玩转文字排版，就这么简单

进行文字设计，首先要将所有文字内容进行层级的划分，再对标题进行设计，最后要考虑文字的排版。文字内部如何排版呢？文字排版要求画面整洁、有序、不杂乱。图 2-60 所示的文字排版，顶天、立地，杂乱无章，舍不得浪费一丁点的空间，给人的感觉就是混乱、分不清主次。因此，文字排版一定要有序，要懂得留白，给版面留出呼吸的空间，下面介绍一些正确的文字排版方法。

图 2-60

1.　左右均齐

文字从左端到右端的长度均齐，呈矩形排列，字群显得端正、严谨、美观，如图 2-61 所示。

图 2-61

2.　齐中

以中心为轴线，两端字距相等。其特点是视线更集中，中心更突出，整体性更强。用文字齐中排列的方式配置图片时，文字的中轴线最好与图片中轴线对齐，以取得版面视线的统一，如图 2-62 所示。

图 2-62

3.　齐左或齐右

齐左或齐右的排列方式有松有紧、有虚有实，能自由呼吸，飘逸而有节奏感。左或右取齐，行首或行尾自然就产生出一条清晰的垂直线，在与图形的配合上易协调和取得同一视点。齐左显得自然，符合人们阅读时视线移动的习惯，如图 2-63 所示。

图 2-63

齐右因不太符合人们阅读的习惯及心理，用得较少。但以齐右的方式编排文字会显得新颖，如图 2-64 所示。

图 2-64

第 3 章
网店设计装修的内容及规则

本章导读

在进行网店设计之前，必须要了解网店设计与装修相关的内容与规则，主要包括网店首页、宝贝详情页、主图、推广图的设计内容与规则，本章将对这些内容一一进行介绍。希望学习之后，能将其运用到网店设计之中。

知识要点

通过本章内容的学习，大家能够学习到网店设计与装修内容及规则。学完后需要掌握的相关技能知识如下。

▲ 网店首页的结构及定位

▲ 详情页的作用、内容及要点

▲ 主图设计的重要性、规范及构图

▲ 推广图设计的准则及分类

▲ 活动营销海报设计的要点

3.1　网店首页的结构及定位

首页是顾客进店后能快速寻找到商品的主要源头，也代表着产品的风格、功能定位。本节将介绍首页的结构、风格定位与客户定位。

3.1.1　网店的首页结构

店铺的结构，就像一个购物场所，把产品放在地上卖和放在专柜里卖，客单价也相差很多。那就需要根据自己的产品特征，有条不紊地展示产品，给顾客一个舒适的购物场所，并接受到有效的首页推荐。店铺首页主要由以下几部分组成。

1. 店招

店招位于首页的最顶端，是店铺的招牌，客户进入店铺，首先看到的就是店招。店招可以展示店铺的名称、LOGO、促销语等。店招要求色正字美、布局合理、美观大方、易于识别，大小一般为 950 像素 × 120 像素。

2. 页面导航

页面导航用于引导客户浏览网页内容，默认有分类、首页、店铺活动等。淘宝店铺有文字内容的部分建议在 950 像素以内，天猫店铺建议在 990 像素以内，高度为 30 像素。

3. 全屏轮播图片

全屏轮播图片位于店铺的显著位置，展示店铺内的热销商品或进行店铺的促销活动。全屏轮播图片尺寸最大宽度为 1920 像素，高度自定义。

4. 产品展示区

展示店铺内的热销宝贝，要避免同款多次出现，陈列要有序、整洁。

5. 页尾区域

页尾区域是店铺最底部的位置，主要用于设置自定义区，一般用于收藏店铺、客服及页尾广告的投放。

3.1.2　网店首页设计的风格定位

网店根据其定位与客户群的不同，在设计时有不同的风格。店铺设计的风格主要有时尚风、复古风、清新风、炫酷风、简约风与卡通风。

1. 时尚风

时尚风多用于客户群体为青年人的网店，其特点是大标题、时尚的模特，报刊杂志的风格，整体时尚大气，如图 3-1 所示。

图 3-1

2. 复古风

复古风用色清新雅致，通常会添加书法、剪纸、水墨等复古的元素在里面，打造出古色古香的氛围感，如图 3-2 所示。

图 3-2

3. 清新风

清新风的特点是唯美、清爽，给人很舒适的感觉，多用轻盈的自然系色调，让人感觉非常清丽和透气，如图 3-3 所示。

图 3-3

4. 炫酷风

炫酷风注重视觉效果，多用深色背景，用一些比较有质感的元素与光影特效，打造出炫目的效果，如图 3-4 所示。

图 3-4

5. 简约风

简约风的特点是极简主义、大空间、没有过多的装饰元素，整体感觉非常简洁，多用于高端品牌店铺，如图 3-5 所示。

图 3-5

6. 卡通风

卡通风将插画与产品模特或产品设计放在一起，增加了亲切感和活跃感，容易被人接受，如图 3-6 所示。

图 3-6

3.1.3 网店首页设计的客户定位

在进行网店装修设计之前，要知道店铺是设计给谁看的，要考虑购买商品的消费人群共有的特征，根据这些特征来把握店铺的整体风格、色彩、字体、文案等设计元素。

1. 按年龄分

网店设计的客户定位按年龄分为婴幼儿、儿童、少年、青年人和中老年，店铺的风格要能被不同年龄段的客户群体接受。

（1）婴幼儿。

婴幼儿产品的目标消费群体是孩子的父母和亲戚朋友，店铺视觉传达的对象是成年人，因此要以成年人的思考方式去呈现产品，如婴幼儿产品应注意安全性、舒适感、方便性。

呈现方式上尽可能地表现出可爱、天真、柔和、纯洁感，多用卡通、手绘、淡色系表现手法，使消费者看到这些东西就会联想到宝宝使用的效果，这也属于情感上的营销策略。

图 3-7 所示为一家卖婴幼儿产品的店铺，设计整体以淡蓝色为主，给人干净、纯洁、安全的感觉。画面中的绘画元素增加趣味感和亲切感，与婴幼儿主题完全贴切。

图 3-7

（2）儿童。

儿童产品的目标消费群体依然是孩子的父母和亲戚朋友，传达的对象仍然是成年人，不同的是此阶段的孩子拥有一定的选择能力，可以告诉父母他们喜欢什么颜色、喜欢什么图案。因此，设计的店铺既要吸引宝宝的注意，也要让成人喜欢。

儿童类产品的网店设计，考虑到他们正属于最活泼好动的成长阶段，颜色搭配可以使用比较活泼和鲜艳的高饱和度的颜色，图案可以稍微夸张、充满想象力。图 3-8 所示为一家童装的网店设计，画面颜色比婴幼儿更加活泼和鲜艳，容易吸引到小孩子。

图 3-8

（3）少年。

少年介于童年与成年之间，相比儿童，主观意念增强，有更强的选择权，追求潮流感，女生爱卖萌，男生爱耍帅。他们会跟同学和小伙伴们进行比较，也有从众心理，别的同学有的东西，自己也想要拥有。在这个阶段的孩子父母和孩子共同选购的机会增加，设计页面时应结合孩子和父母的喜好。图 3-9 所示为一个少女女装品牌，粉嫩的颜色和可爱的图案衬托出少女的天真烂漫。

（4）青年人。

作为上班族的青年人，不仅拥有购买能力，也拥有足够的自主决定权、选择权、懂得享受生活，对生活充满希望和热情。对于这一类的群体，可使用大量新兴的语言引起他们的共鸣，如每年的网络流行语、流行电影、各种新闻，他们喜欢最新鲜的东西。男性大多喜欢休闲、运动、潮派、日韩、欧美等几大风格，女性喜欢小清新、韩版、日系、欧美、气质等，只要设计风格与产品风格定位一致，就能把精准的顾客吸引住。图 3-10 所示为一家青年男装网店，整体上简洁、时尚，细节上使用了很多潮流元素，表达了青年人张扬的个性。

图 3-9

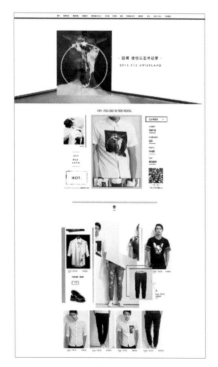

图 3-10

（5）中老年。

对于中老年人使用的产品，购买人群分为两类，一类是由子女购买，另一类是由他们自己购买。那么这样的店铺设计完全可以针对年轻人对长辈的心态来设计，如加上温馨的家庭气氛、文案中带有孝敬老人的意思，同时要注重健康。若是老人们自己购买，应分析这类人群由于身体原因，可能眼睛不好需要将很多信息更大、更明显的展示，也可能他们不太熟练网络平台的操作，应尽量把页面简化设计，同样要突出展示产品的健康、安全，让他们放心购买，如图 3-11 所示。

图 3-11

2．按性别分

对于网店的装修风格的偏爱，男性与女性有很大的区别，下面分别进行介绍。

（1）男性。

男性选产品注重产品的质感、耐用性、实用性等。男性对产品的要求其实比女性高，但他们一旦找到觉得合适自己的产品，下单的概率比女性要大，因为男性不喜欢花大量的时间用来选一件产品。在颜色方面，蓝色、黑白灰为男性的主打色，演绎出冷静、沉着、强壮、潇洒等男性特征。也可加些复古色调，体现男性的干练高贵感。还可使用红黄蓝绿等，打造运动、速度感。图3-12所示为一家男性产品的网店，画面简洁，强调精细质感，彰显男性气质，突出了产品品质感。

图 3-12

（2）女性。

女性注重款式和性价比，对她们来说，应突出展示产品价格和款式；对于注重质量的人群来说，应重点表现产品的质感，弱化价格。因为她们比较注重细节，就算价格低的产品，她们也希望看到的是质量又好又便宜，因此应尽量扬长避短，页面设计与产品展示都应注重细节，让女性看到一个完美的值得购买的产品，不能忽视她们的视觉。

配色上尽量使用暖色系，粉色、红色等是女性比较喜欢的颜色。在色调上，应尽量表现女性温柔、柔美的印象，色彩反差小、过渡应平稳。结合产品设计出浪漫甜蜜、性感、高雅等优美的意境，如图3-13所示。

图 3-13

3.2　详情页的作用、内容及要点

宝贝详情页是流量进入的第一入口，一个好的详情页胜过一位优秀的导购，对转化也起着至关重要的作用。一些新手美工以为做详情页，就是简单地摆放几张产品图，然后加一些参数表，最后放个5星好评就可以了。其实做详情页说简单也简单，说难也难，难就难在能否帮助商家卖出产品，提升销量。

3.2.1　宝贝详情页的作用

宝贝详情页是提高转化率的入口，激发顾客的消费欲望，树立顾客对店铺的信任感，打消顾客的消费疑虑，促使顾客下单。优化宝贝详情页对转化率有提升的作用，但是起决定性作用的还是产品本身。详情页除了要将产品的外表、形状、款式、内在的细节详细地呈现在消费者眼前外，还要打消他们的种种顾虑，树立他们的消费信心。在浏览完页面以后，能形成自身对产品价值的认可，以激发其消费欲望，推动他们做出购买决策。

3.2.2　详情页的设计内容

详情页的内容会根据产品的不同而不同，本节将详情页中可能会出现的内容全部列出，在设计时只需根据产品情况选择内容即可。

1. 促销活动展示

店铺活动的主要目的是营造促销的氛围，渲染店铺特色，包括节日促销活动、新款上线、主推款式的海报，活动的形式有优惠券、打折、送赠品等。店铺内有活动更能激发买家购买欲，但活动内容和活动规则一定要清晰明了。图3-14所示为一家女装店铺"双12"活动的展示，出现在详情页的第一个位置。

图 3-14

2. 关联广告位展示

关联营销是在一个宝贝单品页中，放另外几个产品进行展示。虽然无法保证每个买家进入每个详情页都能顺利地产生购买行为，但如果产品满足他的需求就会进入咨询或下单环节，如果产品不能满足其需求，就会产生跳失率。此时，利用关联营销，让买家看到店内更多的产品，可以提升转化率。关联营销的作用不仅仅是分流，其最佳表达方式是增加客单价，让顾客买了这个又买那个，所以在这里搭配本店其他产品，不仅能增加客单价还能促进转化率。

做关联营销时一定要先想明白放什么、放多少和放哪里这几个问题，还要搭配相应的促销策略才能达到预期效果，随意推荐只会适得其反。

关联产品可以是功能相关或可搭配使用的产品，也可以是价位在相似水平、数据分析出来的关联产品。如果在参加活动的同时，再配合策划一些关联营销进行导流、分流，提高转化率和客单价，就能够充分利用流量资源，有效降低推广成本。图3-15所示为关联营销广告位，用于向买家推荐同类产品让买家进行选择，进行二次转化。

图 3-15

3. 模特图展示

模特图的主要目的是展示上身效果，功能在于激发潜在需求，激发购买冲动。要求是清晰大图、图片真实，拍摄效果应符合品牌的定位。还可添加模特资料、模特所试穿的尺码、模特试穿感受等增加模特的真实存在感，经研究证明模特图片转化率高于平铺单拍。

模特图用得最多的是服装类目，模特要符合品牌的定位，清晰的大图（全身）呈现正面和侧面的上身效果（每张图片都增加不同信息含量来表现服装），若有多个颜色，以主推颜色为主，其他颜色辅以少量展示，排版宽度一致。模特展示时展示模特图的正面，并且背面侧面不是机械地摆出几个pose，而是在几个不同的方向展示上身效果。想象买家自己穿上衣服照镜子是要看什么，是什么感觉。如图3-16所示，展示了服装穿着不同角度的效果。多色款式可以将一个颜色作为主打色，最多两个颜色做较多展现。多色的上身效果可以一字排开展示效果，仅做对比展示。多色的剪裁一致时不需要每个颜色都重复背面、侧面展示。

图 3-16

4. 产品整体展示

商品展示作为宝贝详情页最基本的模块，分别展示出产品的整体效果、细节、色彩、基本信息、优点、卖点、包装、搭配、效果，是买家认识产品的基础，基本所有类目的产品都需要有这些内容。产品整体展示主要是展示产品的全貌，如产品正面、侧面、45°、360°旋转的清晰图。若有多个颜色，以主推色为主，其他颜色为辅少量展示，或者展示一张多个颜色放在一起的颜色对比图片。

例如，服装类目宝贝整体展示是展示商品全貌，产品正面、背面清晰图，根据衣服本身的特点选择挂拍或平铺。运用可视化的图标描述厚薄、透气性、修身性、衣长材质等产品相关信息。平拍展示是展示衣服在没有穿在模特身上的真实效果，当模特展示后，再对衣服进行平拍展示，更能体现衣服的品质感和真实感，图 3-17 所示为一件服装的整体展示图。

图 3-17

5. 产品细节图片

展示宝贝细节图的目的在于提高顾客感官体验，增强产品品质感。要求拍摄效果清晰，近距离拍摄，主要细节元素突出。细节图必须单独拍摄，不允许在原来主图的基础上进行切割完成。

细节是近距离展示商品亮点，展示清晰的细节（近距离拍摄），如服装细节要呈现面料、内衬、颜色、扣子/拉链、走线和特色装饰等，特别是领子、袖子、腰身和下摆等部位，如有色差，可搭配简洁的文字说明，如图 3-18 所示，正面、反面、局部（凸显材料和质感）部位足够的放大细节充分展示了产品细节。对于其他类目的产品也是一样，细节显示越大顾客内心越安稳。

图 3-18

6. 产品参数图片

SKU 属性（即产品的销售属性集合）可以帮助用户自助选择合适的尺码、合适的颜色等。例如，服装类目设计过程应注意该商品特有的尺码描述（非全店通用）、服装类有模特的应展示模特信息，突出身材参数，建议有试穿体验（多样的身材）。可用文字、表格或图片等多种形式说明产品的材质、规格等相关信息进行展示，如图 3-19 所示。

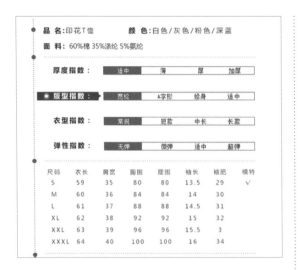

图 3-19

7．产品介绍

在详情页中介绍产品的主要功能、作用等，使产品与顾客心目中需要购买的东西相匹配，介绍产品的使用方法、使用流程，使用过程中的注意事项等，避免顾客因使用不当或不会使用给予差评，如图 3-20 所示，展示的是产品的使用方法和功能。

图 3-20

8．产品特色卖点

产品卖点的设计应围绕着顾客为什么购买进行设计，介绍产品的优势、特色、与众不同之处，一般是工艺、材质等细节说明，让顾客多了解产

品的特性，总之要放大产品卖点。设计时应尽量图文结合简单明了地说明，因为 60% 的买家不会仔细阅读文字。图 3-21 所示为一款服装"定制面料"的卖点描述。

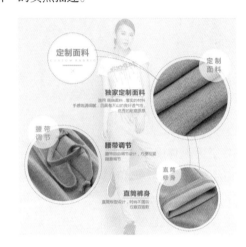

图 3-21

9．产品对比展示

如果对自己的产品有十足的信心，就可以在详情页加上自己和别家的产品质量对比，以彰显产品品质。产品对比可以增加顾客的信任度，促成购买。图 3-22 所示为一家卖鞋的店铺在详情页中使用的产品对比。

图 3-22

10．产品使用场景展示

添加场景图可根据使用者的场景来设计图片，让买家有亲临其境的感受，如图 3-23 中的电

风扇的场景展示，让消费者能够身临其境，这种使用场景下的展示比单独放一个产品要好很多。

11. 企业实力

企业实力展示包括产品的品牌、荣誉、资质、销量、实体店铺、生产基地、生产过程、仓储条件等，能增加买家对企业的信任感，让买家认识到你不是一家小公司小企业。如有雄厚的企业资质和线下平台的卖家，完全有必要展示出企业实力。图 3-24 中展示的是产品的生产过程与工厂实景。

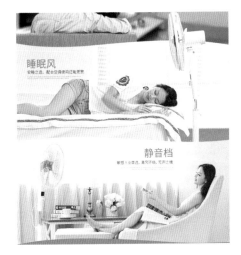

图 3-23

图 3-24

12. 产品包装展示

产品包装跟衣服一样，不但要漂亮还要有安全保障，包装好坏也将直接影响消费者对产品的印象。如图 3-25 所示，好的包装描述，能让消费者放心购买。

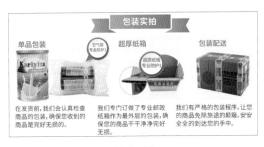

图 3-25

13. 产品售后说明

售后说明主要是在详情页中添加购物须知（邮费、发货、退换货等、售后保障）、色差说明、退换货说明、邮费说明、洗涤方法、售后保障、正品保障等，除解除顾客的后顾之忧外，还让买家产生一种售后安全、有保障的坚定感。图 3-26 所示为卖家针对自己产品所做的售后保障图，可以增加顾客购买信心。

关于发货

每日截单时间:17:00，在该时间段前付款的订单都将安排当天优先发货，如遇到订单量大的情况下，我们将会在天猫要求的发货期限内发货（例如年中促销、双11、双12促销等）。
1. 除春节假期外，其它假期都正常发货。
2. 本店不接受指定快递，产品发货地为广州。

验货签收说明

在付款成功，并且我们已经发货后，请保持您的联系方式畅通，以便快递公司与您联系、及时地为您投递包裹。本公司发出的快递均要求快递公司"电话联系本人签收"，请亲在签收货品时当面打开并核对后再签收。如家人、朋友、同事代签，也请当面核对清楚再签收。

1. 快递包裹请验收后再签字
随快递包裹配有商品清单，请您签收时务必要按照清单清点商品，发现误差、破损等请及时联系我们。

图 3-26

**技术看板**

在详情页的设计过程中有什么误区

答：进行详情页设计时主要有以下一些误区。

（1）关联做得过长过多。

关联做得过长过多会导致买家直接跳过你

的关联去看你的详情或直接关闭页面，所以关联不要太多，或者可以做成具有视觉审美效果的海报。

（2）图片保存得太大太长。

详情页图片太大太长会导致买家在购物中体验下降，买家要好几分钟才可以看到完整的详情。所以要切片上传图片，以提升浏览速度。

（3）风格不统一。

一些美工没有设计思路，只会单纯地模仿，但是模仿要适度，在参考别人的设计时，要确定自己的风格，不要盲目模仿，一个店铺弄出几种风格。

（4）参数文案错别字。

文案出现错别字是最低级的错误，上传之前一定要认真检查一遍。

3.2.3　宝贝详情页的三大设计要点

前面学习了详情页中可能出现的各种内容，在满足了内容需求后，进行详情页的设计时还要考虑以下几个要点。

1.　满足用户需求

当用户需要到超市或商场购买一件商品时，首先是寻找到它，然后通过它的整体效果，选择他们所需要的商品，而这里的整体效果就相当于宝贝的整体展示。然后他们会拿起产品查看商品的材质、内部结构、做工等，这相当于宝贝细节展示。接下来，还会关注产品安全、使用方法等，这些就属于根据产品特点需要进行选择展示的产品功能、信息、使用方法等。最后他们会关心产品的保质期或保修期、售后服务、品牌实力等，这就是售后说明和品牌文化。所有的问题都解决后，如果有优惠活动，就会更加加强用户的购买欲望，最终产生购买行为。

根据用户需求分析出这款产品不可缺少的展示内容应包含产品展示、细节展示、功能说明、售后保障，还可添加促销手段以吸引购买欲望。最后，为避免用户所需功能与此产品的功能不匹配，再添加关联推荐广告位，进行分流。

顾客一般分为刚性需求和潜在需求两大类型，他们对页面信息的需求也是有差异的。刚性需求的顾客是有明确目的的，具有强烈的购买欲望。他们不会特别在乎商家对产品卖点的挖掘，而在乎目前所浏览的产品是不是他们需要的，功能有没有、尺寸合不合适、价格是否能接受、产品是否为正品，如果满足他们的这些需求，他们就会下单购买。大部分的顾客是属于刚性需求的，所以，只要抓住产品真实的性能、标准参数尺码，并进行高品质等符合产品定位的展示，即能获得刚性需求顾客的认可。

而潜在需求的顾客没有明确的购买目的，或许是价格便宜、活动刺激让他们心动，或许是图案可爱、模特漂亮、流行风尚让他们心动，抑或是凑巧高兴想买东西。总之，潜在需求的顾客更多的是关注卖点、视觉冲击力、促销推动等外力辅助，促使他们下单。

2.　控制页面内容

详情页的好与坏，并不取决于长度，而是内容。如果你能用两三屏的长度将一个产品讲得很清楚，那么短小而精悍或许更受欢迎。如果能展示 10 张说清楚，就不要去展示 20 张，要挑出最具表现力和最佳角度的图片来展示。如果最重要的部分已经面面俱到，就不要再展示一些买家不关心的内容。不要重复铺图，也不要放置一些无关紧要的图。

当想好了要放在宝贝详情页的内容时，要再考虑一下，是否这些内容都要用，哪些内容是可以不要的，哪些内容是特别重要的。因为让顾客耐心地读完你所列出的内容，其实是很困难的，除非你把所有内容都做得很有趣，让人百看不厌。

如果产品的容量跟市面上的产品完全一致，没有区别，那么只需要展示产品容量有多大，没有必要加上本产品与其他产品对比容量。如果产品是新品，根本没有销量或没有评价，而设计了一个本产品已销售多少，评价怎样，或者加上好评截图，这些都是不可取的。显然，买家会知道商家是在做假，反而对店铺印象不好。因此，详情页不是所有的内容都要用上去，用什么内容取决于商家的产品是否需要。

3. 进行合理布局

详情页内容确定后，要思考如何将这些内容进行排列组合，组织详情页内容的顺序，进行有规则的设计。如果在浏览过程中，将消费者的心理需求都一一逐步满足，便可坚定他的购买意愿，产生有效的转化。图 3-27 所示为宝贝详情页所放置内容的排列顺序，可供参考。

图 3-27

3.3　主图设计的重要性、规范及构图

淘宝店铺装修中一定不能忽视宝贝主图的装修，淘宝宝贝详情页中最重要也是首先吸引买家的就是宝贝主图，如果宝贝主图做得好，具有吸引力，就能吸引买家继续关注。

3.3.1　主图设计的重要性

一张优质的主图可以节省一大笔的推广费用，这也是很多店铺在没有做付费推广的情况下，依然能吸引到很多流量的主要原因。主图是买家通过搜索的必经之路，无论买家是通过淘宝搜索还是类目搜索，展现在眼前的第一张图片就是商品主图，因此，主图的好坏决定着买家的关注程度并影响买家是否通过所看到的主图点击进入店铺，使卖家的店铺获取免费流量。

在关键词输入正确的情况下，决定买家是否点击产品的核心要素是商品主图，因为主图承载了产品的款式、风格、颜色等多个产品属性，这些特征如果能表现得特别好，无疑比文字描述更加直接地影响着买家对产品的点击率。设想一下，当买家需要在淘宝平台上购买某件商品时，首先是在搜索栏中输入商品的关键词，如"大衣"，此时，在生成的搜索页面中即可展示出各种大衣的产品主图，如图 3-28 所示。因此，主图在卖家的宝贝设计中是非常重要的一个设计点，主图的好坏直接影响到免费流量的多少，那么在宝贝的设计中，应将主图的设计划入策划范围之内。

图 3-28

3.3.2　主图的尺寸

宝贝主图的标准尺寸为 310 像素 ×310 像素，这是买家在页面看到的主图的大小，主图尺寸最大可以设置为 800 像素 ×800 像素，图片大小不能超过 500KB。大尺寸的图片，在宝贝详情页中具有放大功能，如图 3-29 所示。

图 3-29

3.3.3　主图的设计规范

很多卖家对淘宝规则中的主图规范不了解，以为在主图上加很多促销信息，就会吸引买家，但结果却是过多的促销信息遮盖了商品主图，严重影响了淘宝搜索页的美观度。这样的情况很不利于宝贝的展示，且对产品的品牌价值也会产生消极的影响。

所以，淘宝对大部分类目的商品主图是有明确的设计要求的，尤其是天猫，根据不同的类目情况，对商品的主图有不同的要求和规范。如果不按照设计规范制作主图，就容易引起商品的搜索降权，从而使商品在搜索展示时排名靠后。因此在设计商品主图时，应了解该类目的主图制作规范。本节将介绍天猫与 C 店的主图制作规范。

1．天猫主图规范

天猫商城相对集市店来讲，整体要求要高很多，但也有规则可循，主要规则如下。

● 主图必须为实物拍摄图，图片大小要求在800 像素 ×800 像素以上（自动拥有放大镜功能）。

● 主图必须为白底，展示正面实物图；主图不许出现图片留白、拼接、水印，不得包含促销、夸大描述等文字说明，该文字说明包括但不限于秒杀、限时折扣、包邮、打折、满减送等。

● 每个行业对主图要求会有不同，具体建议查看对应行业标准。

由于天猫主图发布规则应对应行业标准，在此将几个大类目的主图行业标准进行介绍，其他类目就不一一介绍了，大家可进入天猫帮助中心，查看主图的发布规则。

（1）服装类目主图发布规范。

● 主图必须为实物图且须达到 5 张，并且每张图片必须大于或等于 800 像素 ×800 像素，若是服装类目商品的主图必须达到 6 张，且宝贝竖图的尺寸必须大于或等于 800 像素 ×1200 像素。

● 主图不得拼接，不得出现水印，不得包含促销、夸大描述等文字说明，该文字说明包括但不限于秒杀、限时折扣、包邮、× 折、满 × 送 × 等，商标所有人可将品牌 LOGO 放置于主图左上角，大小为主图的 1/10；母婴服饰类目商品仅第二张主图需满足上述内容。

● 服装类目商品第一张主图和宝贝竖图，如果是模特全貌图，只展示一个模特，不允许出现多

个模特（情侣装、亲子装除外）；如果是商品全貌图，要求商品平铺不能折叠（内衣类目商品除外）。

● 内衣类目商品第二张主图必须是白底单一商品图且居中，整张图片白色背景的占比须超过 45%。

图 3-30 所示为在天猫中搜索"裙"关键词的搜索结果展示，主图左上角都有品牌 LOGO，整个主图没有过多的促销信息，显得干净整洁。

图 3-30

（2）数码电器行业主图发布规范。

● 第一张主图由商家自定义设计。

● 第二张主图不得出现水印、文字说明、商家 LOGO、促销信息等类似信息。

● 其余主图由商家自定义设计。推荐展示商品品

牌信息、产品细节图、强制认证信息等。

由于数码电器行业产品的特殊性，对于商品主图没有太多的硬性要求。图 3-31 所示为在天猫搜索"相机"关键词的搜索结果。

图 3-31

2．C 店主图规范

对于淘宝 C 店来讲，出现在主图上的营销信息没有特别严格的要求，但面对日趋规范化的规则，中小型卖家的主图也应该尽量按天猫规则靠拢，为品牌的塑造建立基础。虽然不要求像商城一样，但是也要发挥自己的优势，做出自己的特色，避免脏乱差。

图 3-32 所示为 C 店主图，白底图、纯色背景图、以突出商品为主题的场景模特图，都在淘宝规范允许范围内，画面整洁干净。

图 3-32

3.3.4　优化主图的构图

在画面中，起着最主导地位的就是构图。主图的构图方式根据各种不同的产品而不同，下面将介绍常用的构图方式。

1．黄金分割构图

"黄金分割"是一种由古希腊人发明的几何学公式，无论是横构图还是竖构图，只要将你的画面横竖分别平均地用两条线画下来，这 4 条线交接的点大概的位置就是人们所说的黄金分割点，你要做的就是将要表现的物体焦点置于交接的 4 个点中的其中一个点上就可以了。

图 3-33 所示为一张使用黄金分割进行构图的主图，将画面重点放在了黄金分割点处，使画面具有稳定感、安全感。

图 3-33

2．渐次式构图

渐次式的构图使产品的展示更有层次感和空间感，将产品由大到小、由实到虚、由主到次的排列，将重复的商品打造出纵深感和空间感，使产品更有表现力，如图 3-34 所示。

图 3-34

3．三角式构图

三角形构图具有稳定性，会展示出一种安定的视觉感受，均衡又不失平衡。适合三角形构图的产品是有一定规则的几何体，包括正三角形、倒三角形、斜三角形等，使商品显得更有气势和坚固，如图 3-35 所示。

图 3-35

4. 辐射式构图

辐射式构图是从内向外进行扩张，使画面更加有活力和张力，这种构图比较适合线条形的产品，能很好地集中表现产品，从而不失产品重心，并且还能表现出产品的多样性，如颜色、花纹等，如图 3-36 所示。

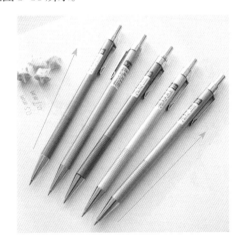

图 3-36

5. 对角式构图

对角线构图是将产品的摆放安排在对角线上，使产品更加有视觉冲击力，突出产品的立体感、延伸感和动感。这种构图适合表现立体感的产品，如图 3-37 所示。

图 3-37

3.4　推广图设计的准则及分类

推广虽是付费流量，但流量精准，转化率高，是很多卖家打造爆款的首选，推广图设计的优劣会直接影响点击量。

3.4.1　推广图的分类

推广图分为单品推广和店铺推广，单品推广会直接链接到产品详情页，而店铺推广会链接到店铺中的某一个页面中去。

1. 单品推广图

单品推广有利于新品、爆款的打造。可根据产品的款式、价格、材质等属性来设计推广图。不同属性的产品，设计方式也不同。对单品进行设计可选择店铺内最具人气的某款产品来提升点击率，最具人气的产品拥有大众化的潜质，可以促使更多目标客户进入店铺。图 3-38 所示为单品推广图。

图 3-38

2．店铺推广图

店铺推广就是通过推广某一个导航页面、宝贝集合页及自定义页面的方式，来达到推广更多宝贝的目的。店铺推广的是将流量先引入一个页面，再通过这个页面内展示的商品分流到各个详情页。

由于单品推广的关键词只能推广店内的单品，虽然能提高单品的销量，但会导致其他商品无法获取精准的推广流量，容易造成热卖单品库存不足，没有推广的商品库存积压。店铺推广的好处是可以将店铺中某一品类或全店产品放置在一个页面中进行展示，将流量进行分化。店铺推广应综合推广页面中的商品特征来考虑，既可以是全店商品推广，也可以是某一品类商品推广。

对于成熟的店铺，有一定的运营能力，正在进行官方活动或店铺活动，可进行店铺推广；对于追求品牌个性的店铺，可以以树立品牌为方向进行设计。图 3-39 所示为展示店铺最近活动的店铺推广图。

图 3-39

3.4.2　推广图的设计准则

所有优秀的推广图设计都有很强的规律，通过对优秀案例的分析，可以找出这些规则和共性，如清晰的推广主题、明确的目标人群定位、控制整体风格等。

1．推广主题清晰

做设计的整个过程就是一次陈述，因此需要有一个清晰的主题，并围绕着这个主题展开，如围绕着产品价格、折扣、活动等展开。

主题确定后，应分清画面中每个元素的陈述顺序，优先展示重要内容，以此类推。第一层、第二层信息需要被阅读，第三层之后的信息起着暗和辅助作用，每一层的表现程度应逐渐减弱，如图 3-40 所示。

图 3-40

2．针对人群明确

因产品的不同，所面向的购物人群也不同，不同人群的审美标准和兴趣爱好都不相同。所以在设计推广图中，应根据人群的审美和喜好来设计图片风格。在选择模特上，要符合目标人群的心理期望年龄。例如，目标为 13 岁的人群，模特要选择 15 岁的；目标为 40 岁的人群，模特要选 30 岁的。图 3-41 所示为针对知性女性一族的目标人群，画面、字体、模特的搭配都要突出女性的知性、优雅，以便能打动这一目标人群。

图 3-41

3．控制整体风格

推广图的设计要控制画面的整体风格，将色彩、字体、标签、引导形式、模特等所有元素进行相互搭配，形成统一的风格。绝对不能出现字体走可爱路线，模特却走成熟路线这样的搭配，这是不协调的。

美工经验

设计有吸引力的网店的六大要素

知己知彼，才能百战百胜。要做好网店的视觉营销，首先要知道你的店铺是做给哪一群人看的，需要分析目标用户，让用户能快速获取信息，同时还要做到页面简洁、显示速度快、遵守用户习惯、互动及时等。

1. 分析目标用户

销售产品要知道目标用户是哪一类人，同样的，装修店铺也要知道是给哪一类人看，要将店铺装修成目标用户群喜欢的风格。所以要考虑目标用户群会喜欢什么样的风格，什么样的色彩搭配能让他们看着舒服，什么样的布局能方便他们浏览。要随时关注目标用户的需求，然后针对需求分析对店铺设计进行相应的调整，这是获得好的用户体验最基本的一步。

可以通过"生意参谋"(d.alibaba.com) 来获取所针对的客户群，进入生意参谋的"经营分析 - 访客分析"，可以查看进入店铺的客户群的性别、消费级别、地域、新老访客等信息，如图 3-42 所示。

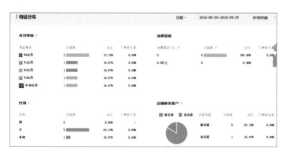

图 3-42

2. 快速获取信息

如果目标用户通过各种渠道进入店铺，但是却不能第一时间找到自己需要的产品，便会很快地离开店铺，造成高跳失率。降低跳失率的最佳方法就是让用户来到你的店铺能在第一时间找到他所需要的产品。所以合理的导航，优秀的分类布局，是顾客能快速找到产品的关键。

3. 页面简洁

好的设计绝不是内容的堆砌，而是化繁为简。如果把页面做得太过复杂，图片、动画满页飞，反而会让顾客找不到北。很多成功的网店设计都很简单明了，一眼望到底。事实证明，越是简洁明了的视觉效果越受用户的欢迎，如图 3-43 所示，即为简洁时尚的装修风格。

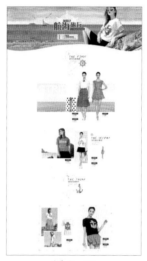

图 3-43

4. 显示速度快

图片的显示速度给顾客带来的影响是很大的，如果一家店铺设计得特别好，但是图片太大，从而显示速度慢，顾客是不会白白浪费时间在这里一直等的，他们会立马关掉你的页面而进入其他页面。所以要使用优化到位、显示速度快的图片。

5. 遵守用户习惯

为什么要把网页的重要内容放到页面的左上部分？因为人的视觉注意力会首先锁定在左上的位置。为什么按钮平常状态和按下状态一般是不同的？因为用户需要反馈，没有反馈会让人产生疑惑。为什么超市收银台面前会有货物架？因为顾客在排队的时候处于非常无聊的状态，这时任何商品或信息都会引起他们的注意，是销售某些易耗便携物品的绝佳时机。

6. 互动及时

互动及时能够让卖家和用户之间的沟通无障

碍，增加用户对店铺的信任度，当用户有什么疑问，或者是有什么需要便会直接得到结果，这样会让用户感觉到非常方便和满意，能够大大地促进产品的成交率。同时在与目标顾客进行互动的过程中，也能让店铺获得更高的用户体验度。分析目标顾客后，如果能让顾客在互动过程中很愉悦，

无疑会让顾客对店铺形成非常深刻的印象，从而快速让这个过程中的顾客成为忠实的目标。

图 3-44 所示为店铺中设计的客服中心，闪动的旺旺头像可以让顾客及时找到互动客服，如果设计方式上能更加有趣味性，则可增加顾客和客服之间的互动。

图 3-44

3.5 活动营销海报设计的要点

海报是一种较吸引眼球的广告形式，海报设计必须有号召力和艺术感染力，通过调动形象、色彩、构图等因素来形成强烈的视觉效果。一张好的海报可以吸引顾客进店，也可以生动地传达店铺商品信息和各类促销活动情况，是打折、促销、包邮、秒杀等活动宣传的重要通道。在设计活动营销海报时要注意些什么呢？如何才能设计出优秀的活动营销海报呢？可以从以下几个方面入手。

3.5.1 视觉线牵引

视觉线牵引即设计师利用点、线、面来牵引顾客的视觉关注，让顾客随着设计师的的视觉思维对商品产生兴趣，如图 3-45 所示，运用面与线，将顾客视线牵引到营销活动内容。

图 3-45

3.5.2 色彩诱导

通过对比色或近似色的设计，引导顾客视觉

重心聚焦于商品，如图 3-46 所示，使用蓝色与黄色在冷暖、面积上的对比，让整个画面看起来生动有趣。

图 3-46

3.5.3 层次诱导

设计出商品与元素之间的层次感，能在分散顾客多余视线的同时，突出商品的主题特点，这是比较直接且有效的设计方式，如图 3-47 所示，利用模特与文字的空间层次，将顾客视线吸引到活动内容上。

图 3-47

第 2 篇
PS技能必会篇

第 4 章
PS入门：网店设计与装修必知技能

本章导读

  Photoshop 是应用最广泛的图像处理软件之一，它提供了灵活多变的图像制作工具，强大的图片处理功能，广泛运用于平面设计、数码后期处理、网页设计等领域。网店上的商品图片常用 Photoshop 工具来进行美化处理，使用 Photoshop 可以对图像进行修饰、对图形进行编辑、对图像的色彩进行处理等。此外，Photoshop 还有绘图和批处理等功能，是网店装修设计的必备软件。下面，给读者介绍作为一名网店美工应该掌握的 Photoshop 基础知识。

知识要点

  通过本章内容的学习，大家能够学习到网店装修中 Photoshop 的基础知识。学完后需要掌握的相关技能知识如下。

▲ PS 快速入门   ▲ 正确应用文件格式

▲ 图片大小与分辨率   ▲ 掌握 PS 网店装修的基本工具

▲ 网店装修中宝贝图片的编辑

4.1 Photoshop 快速入门

Photoshop 是网店设计与装修的必备软件，本节将介绍 Photoshop 在网店装修设计中的应用、Photoshop 工作界面，以及在 Photoshop 中打开与保存宝贝照片的方法。

4.1.1 熟悉 Photoshop 的工作界面

学习一个软件最开始便是要熟悉它的工作界面。启动 Photoshop CC 后，即可进入软件操作界面，执行【文件】→【打开】命令，打开一张图片，即可激活软件。下面介绍一下 Photoshop CC 的工作界面，如图 4-1 所示。

图 4-1

1. 菜单栏

在 Photoshop CC 中每个菜单内都包含一系列的命令，主要用于完成图像处理中的各种操作和设置。各菜单的含义如下。

（1）执行【文件】命令时，在弹出的下拉菜单中可以执行【新建】【打开】【存储】【关闭】【置入】【打印】等一系列针对文件的命令。

（2）【编辑】菜单中的各命令是用于对图像进行编辑的命令，包括【还原】【剪切】【复制】【粘贴】【填充】【变换】【定义图案】等命令。

（3）【图像】菜单中的各命令用于调整图像的色彩模式，色调、色彩及图像和画布大小等。

（4）【图层】菜单中的命令主要是针对图层做相应的操作，如【新建图层】【复制图层】【蒙版图层】【文字图层】等命令，这些命令便于对图层进行运用和管理。

（5）【文字】菜单中的各命令是对文字对象进行编辑和处理，是 Photoshop CC 的新增菜单栏。包括文字面板、取向、文字变形、栅格化文字等。

（6）【选择】菜单下的命令主要针对选区进行操作，可对选区进行反向、修改、变换、扩大、载入选区等操作，这些命令结合选区工具，更便于对选区的操作。

（7）通过【滤镜】菜单可以为图像设置各种

不同的特殊效果，在制作特效方面这些滤镜命令更是不可缺少的。

（8）【视图】菜单中的命令可对整个视图进行调整设置，包括缩放视图、改变屏幕模式、显示标尺、设置参考线等。

（9）【窗口】菜单主要用于控制 Photoshop CC 工作界面中工具箱和各个面板的显示和隐藏，因为在数码照片的处理过程中，Photoshop 的工作版面是受到限制的，所以快速有效地显示并控制工作界面，是提高工作效率的一个重要因素。

（10）【帮助】菜单中提供了使用 Photoshop CC 的各种帮助信息。在使用 Photoshop CC 的过程中若遇到问题，可以查看该菜单，及时了解各种命令、工具和功能的使用。

2. 选项栏

在工具箱中选择需要的工具后，在选项栏中可设置工具箱中该工具的相关参数。选项栏不是固定不变的，根据所选工具的不同，所提供的参数项也有所区别。

3. 工具箱

Photoshop CC 的工具箱显示在屏幕左侧，通过拖移工具箱的标题栏可以改变工具箱的默认位置。右击工具图标右下角的按钮，则会显示其他相似功能的隐藏工具，如图 4-2 所示；将鼠标指针停留在工具上，相应工具的名称将出现在鼠标指针下面的工具提示中；在键盘上按下相应的键，即可从工具箱中自动选择相应的工具。

图 4-2

4. 图像窗口

图像窗口用于显示导入 Photoshop CC 中的图像，在图像窗口标题栏中显示文件名称、文件格式、缩放比例及颜色模式，如图 4-3 所示。

图 4-3

5. 控制面板

常用的控制面板有图层面板、【路径】面板、【通道】面板、【历史记录】面板。默认情况下，面板以选项卡的形式成组出现，并停靠在窗口右侧，用户可根据需要打开、关闭或是自由组合面板。单击面板右上角的【折叠为图标】按钮，可以显示与隐藏面板，如图 4-4 所示。

图 4-4

4.1.2　在 PS 中打开与保存宝贝照片

将宝贝照片从相机复制到计算机上后，即可在 PS 中打开。下面分别介绍在 PS 中打开与保存宝贝照片的方法。

1. 在 PS 中打开宝贝照片

对图像进行处理时，首先需要打开目标文件，用户应根据实际情况选择不同的打开方式，下面介绍几种常用的文件打开方式。

方法 1：执行菜单栏中的【文件】→【打开】命令或按【Ctrl + O】组合键，将弹出【打开】对话框。❶ 在【查找范围】下拉列表中选择打开文件的位置，❷ 选择需要打开的图片文件，❸ 单击【打开】按钮即可，如图 4-5 所示。

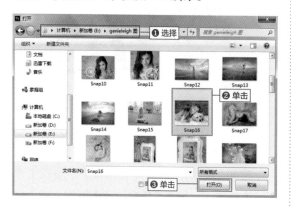

图 4-5

方法 2：在 Photoshop 图像窗口的空白处双击，也可以弹出【打开】对话框。

方法 3：在图片所在的文件夹窗口中选中要打开的图片，按住鼠标左键将其拖动到桌面状态栏中的 Photoshop 最小化按钮上，这时就会自动切换到 Photoshop 窗口中，释放鼠标即可打开该图片。

2．处理后保存宝贝照片

图像编辑完成后要退出 Photoshop 的工作界面时，就需要对完成的图像进行保存。保存的方法有很多种，下面介绍几种常用的文件保存方式。

方法 1：执行菜单栏中【文件】→【存储】命令，弹出【另存为】对话框。❶ 在对话框的【保存在】下拉列表中选择文件的保存位置，❷ 在【文件名】文本框中输入保存文件的名称，❸ 选择文件的保存格式，❹ 单击【保存】按钮即可，如图 4-6 所示。

方法 2：当对图像文件进行编辑后，若既要保留编辑过的文件，又不想放弃原文件，则可以用【存储为】命令来保存文件。执行【文件】→

【存储为】命令，在弹出的【存储为】对话框中设置好存储路径、文件名称和类型，单击【确定】按钮即可。

图 4-6

方法 3：按【Ctrl+S】组合键可以快速保存文件，该操作会直接替换原文件，如需要另外保存，可以按【Shift+Ctrl+S】组合键，执行【存储为】命令。

4.1.3 用 Adobe Bridge 管理宝贝照片

Bridge 是 Photoshop 的专用图片浏览器，当有大量宝贝照片需要管理时，使用 Bridge 能有效地提高工作效率。从 Bridge 中可以查看、搜索和管理图像文件，下面介绍 Adobe Bridge 管理宝贝照片的常用操作。

1．从 Adobe Bridge 中打开宝贝图片

使用 Adobe Bridge 可以快捷方便地浏览并打开宝贝图片，在 Adobe Bridge 中打开宝贝图片的具体操作步骤如下。

Step01 在 Photoshop CC 中执行【文件】→【在 Bridge 中浏览】命令，打开 Adobe Bridge 软件，如图 4-7 所示。单击桌面后面的箭头符号 ，选择要打开的宝贝图片所在的路径，如图 4-8 所示。

Step02 对应的文件夹中的宝贝图片将在软件中间【内容】区域显示，如图 4-9 所示。双击宝贝图片，即可将其在 Photoshop 中打开。

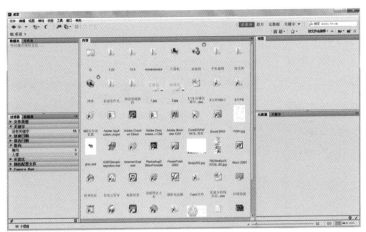

图 4-7 　　　　　　　　　　　　　　图 4-8

图 4-9

2. 批量重命名宝贝图片

如果想重命名宝贝图片，在文件夹中只能单个操作，当有大量宝贝图片需要重命名时，工作是非常烦琐的，有了 Adobe Bridge，大量重命名宝贝图片将变得非常简单，下面介绍批量重命名宝贝图片的具体操作步骤。

Step01 如果要将同一文件夹中所有宝贝同时重命名，按【Ctrl+A】组合键即可，如图 4-10 所示。按住【Shift】键的同时单击图片，可以加选或减选图片。

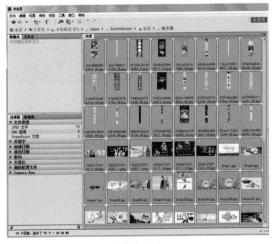

图 4-10

Step02 选中宝贝图片后，执行【工具】→【批量命名】命令，打开【批量命名】对话框，设置重命名的形式，如选择【序列数字】选项，完成后单击【重命名】按钮，如图 4-11 所示。

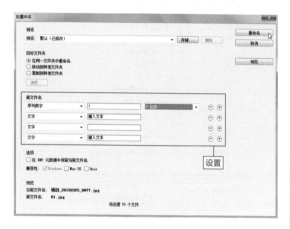

图 4-11

Step03 此时可以看到，所选宝贝图片从 "01" 开始以 "序列数字" 重命名，如图 4-12 所示。

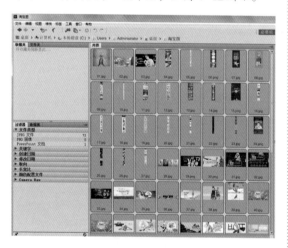

图 4-12

3. 使用过滤器快速查找宝贝图片

使用 Adobe Bridge 中的【过滤器】可以通过文件类型、关键字、创建日期等快速找到宝贝图片，下面介绍其具体操作步骤。

Step01 如要找到文件夹中文件类型是 PNG 的宝贝图片，在【过滤器】的【文件类型】下选中

【PNG 图像】复选框。此时，【内容】区域只显示文件类型是 PNG 的宝贝图片，如图 4-13 所示。

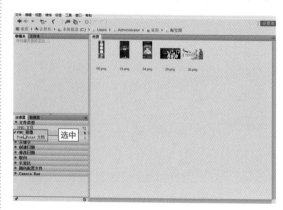

图 4-13

Step02 如要找到文件夹中的横向宝贝图片，在【过滤器】的【取向】中选中【横向】复选框即可。此时，【内容】区域只显示横向的宝贝图片，如图 4-14 所示。【过滤器】的操作大同小异，在此不一一列举。

图 4-14

4.2 正确应用文件格式

Photoshop 可以将图像保存为不同类型的文件格式，在进行网店装修时，需要正确地保存文件格式，本节将介绍装修中文件格式的使用。

4.2.1　认识文件格式

为了便于图像的处理和显示输出，需要将图像以一定的方式存储在计算机中。图像格式就是将某种图像的数据存储于文件中时所采用的记录格式。常用的文件格式有 PSD、JPEG、TIF、GIF、BMP、EPS、PDF、PNG 等，保存文件时在 Photoshop 的【存储为】对话框中可以选择需要的文件格式，如图 4-15 所示。

图 4-15

4.2.2　装修常用文件格式

下面介绍几种店铺装修时常用的图像格式，希望读者能了解各种图像格式的特性，便于在实际应用中准确选择所要存储的文件格式。

1.　JPEG 格式

JPEG 文件格式是一个最有效、最基本的有损压缩格式，被大多数的图形处理软件所支持。JPEG 格式的图像还广泛应用于 Web 的制作中。

如果对图像质量要求不高，但又要求存储大量图片，使用 JPEG 无疑是一个好办法。但是，对于要求进行输出打印的图像，最好不要使用 JPEG 格式，因为它是以损坏图像质量为代价来提高压缩质量的。

JPEG 是有损压缩格式，存储文件时会牺牲文件的像素，解决的方法是当完成 JPEG 图像的编辑后，最好是另存或存储为副本。

2.　PNG 格式

PNG 文件格式是一种可移植的网络图形格式，适合于任何类型、任何颜色深度的图片，也可以用 PNG 来保存带调色板的图片。该格式使用无损压缩来减少图片的大小，同时保留图片中的透明区域，所以文件也略大。尽管该格式适用于所有的图片，但有的 Web 浏览器并不支持它。

3.　GIF 格式

GIF 是输出图像到网页最常采用的格式。GIF 采用 LZW 压缩，限定在 256 色以内的色彩。GIF 格式以 87a 和 89a 两种代码表示。GIF 87a 严格支持不透明像素，而 GIF 89a 可以控制哪些区域透明，因此，进一步缩小了 GIF 的尺寸。GIF 格式和 JPEG 格式是目前网络上使用最普遍的图像格式，并能够被大多数浏览器所支持。

4.　PSD 文件格式

PSD 格式是 Photoshop 新建图像的默认文件格式，且是唯一支持所有可用图像的模式（位图、灰度、双色调、索引颜色、RGB、CMYK、Lab 和多通道）、参考线、Alpha 通道、专色通道和图层（包括调整图层、文字图层和图层效果）的格式。网店设计存储为 PSD 格式，便于随时修改。

4.3　图片大小与分辨率

在进行网店装修时，经常需要把图片修改为卖家需要的图像大小与分辨率，下面介绍修改宝贝图片的大小和分辨率的方法。

4.3.1　查看与修改宝贝图片的大小

通常情况下，图像尺寸越大，图像文件所占空间也越大，通过设置图像尺寸可以减小文件大小。此外，还可以精确地设置图像的尺寸，下面介绍其具体操作步骤。

Step01 打开一张宝贝图片，如图4-16所示。执行【图像】→【图像大小】命令，打开【图像大小】对话框，即可查看宝贝图片的大小，如图4-17所示。

图 4-16

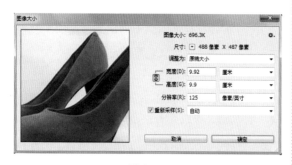

图 4-17

Step02 在【宽度】和【高度】文本框中可以设置新的数值，单击单位后面的三角形按钮▼，可以选择不同的单位，如图4-18所示。选中链接按钮，宽度和高度会随着其中一个的改变而等比例改变。

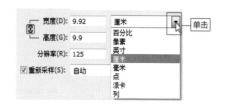

图 4-18

4.3.2 认识与修改宝贝图片的分辨率

图像分辨率是指每英寸所包含的像素点数，单位为ppi。在数字化图像中，分辨率直接影响图像的质量，相同尺寸的图像，分辨率越高，图像越清晰，图像文件越大，处理时间也越长；反之，分辨率越低，图像越模糊，占用的磁盘空间越小，处理时间也越短。在Photoshop中，默认分辨率为72像素/英寸，这是普通显示器的分辨率。网店装修的图像分辨率设置为72像素/英寸。

执行【图像】→【图像大小】命令，打开【图像大小】对话框，即可查看宝贝图片的分辨率，如图4-19所示。若要修改分辨率，输入分辨率的数值后，单击【确定】按钮即可。

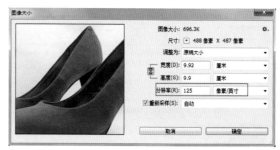

图 4-19

美工经验

精确修改宝贝图片大小及分辨率

相机拍摄的照片分辨率为300像素/英寸，而计算机、手机屏幕的【分辨率】为72像素/英寸，因此，需要修改店铺宝贝图片的分辨率。此外，还需要精确修改主图、焦点图、详情页图片等的图像大小和分辨率。下面介绍精确修改宝贝图片大小及分辨率的操作步骤。

Step01 按【Ctrl+O】组合键，打开"素材文件\第4章\口金包.jpg"文件。右击文件的标题栏，在弹出的快捷菜单中选择【图像大小】命令，如图4-20所示，弹出【图像大小】对话框，如图4-21所示。

图 4-20

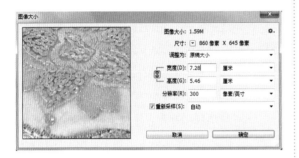

图 4-21

Step02 ❶ 修改【分辨率】为【72】像素 / 英寸，❷ 设置【宽度】单位为【像素】，❸ 设置【宽度】为【750】像素，❹ 完成后单击【确定】按钮，如图 4-22 所示。

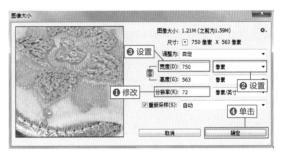

图 4-22

4.4　掌握 PS 网店装修的基本工具

使用 Photoshop 进行网店装修，需要熟练地操作 PS 软件中的工具，本节将介绍 Photoshop 中选区工具、修饰工具、辅助工具等基本工具的使用。

4.4.1　选区工具的使用

选择工具箱中选区工具时，包括规则和不规则选区，选项栏会显示出如图 4-23 所示的选区编辑按钮。通过这些按钮，可以完成常用的选区编辑操作。

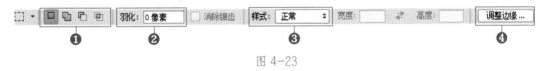

图 4-23

❶ 选区运算	选区和选区之间进行布尔运算的方法，包括【新选区】按钮■、【添加选区】按钮■、【从选区减去】按钮■和【与选区交】按钮■
❷ 羽化	用来设置选区的羽化范围
❸ 样式	用来设置选区的创建方法，包括【正常】【固定比例】和【固定大小】选项
❹ 调整边缘	单击该按钮，可以打开【调整边缘】对话框，对选区进行平滑、羽化等处理

使用选区工具可以创建规则的选区和不规则的选区两种形式，下面分别进行介绍。

1. 创建规则的选区

创建规则选区的工具有矩形选框工具和椭圆选框工具，下面分别介绍它们的使用方法。

（1）矩形选框工具。

使用【矩形选框工具】在图像中拖动时，可以创建出矩形或正方形的选区，具体操作步骤如下。

Step01 按【Ctrl+O】组合键，打开"素材文件\第4章\护肤品.jpg"文件。

Step02 选择工具箱中的【矩形选框工具】，将鼠标指针移至图像中，按住鼠标左键并拖动即可绘制出一个矩形选区，如图 4-24 所示。

图 4-24

按【M】键可以快速选择【矩形选框工具】，按住【Shift】键不放，在图像窗口中拖动鼠标指针即可创建正方形选区。

（2）椭圆选框工具。

使用【椭圆选框工具】在图像中拖动，可以创建圆形或椭圆形选区，具体操作步骤如下。

Step01 按【Ctrl+O】组合键，打开"素材文件\第4章\护肤品.jpg"文件，在工具箱中的【选框工具】组中选择【椭圆选框工具】。

Step02 将鼠标指针移至图像中，按住鼠标左键并拖动即可绘制出一个椭圆选区，如图 4-25 所示。

图 4-25

在创建选区时，先按住【Alt】键，即可创建出以鼠标指针起始点为中心的选区；在创建选区的过程中，按【Space】键可直接移动选区。

2. 创建不规则选区

在对象选择过程中，常需要创建非几何形的不规则形状。【套索工具】组和【魔棒工具】组中的工具可以创建不规则选区，而且操作非常简单。

（1）套索工具。

【套索工具】使用非常广泛，一般用于选取一些外形比较复杂的图形，通过拖动鼠标指针即可创建选区，具体操作步骤如下。

Step01 按【Ctrl+O】组合键，打开"素材文件\第4章\护肤品.jpg"文件，选择工具箱中的【套索工具】。

Step02 移动鼠标至图形窗口，在需要选择的图像边缘处按住鼠标左键不放拖动，以选取所需要的范围，如图4-26所示。

使用【套索工具】创建选区时，只有线条需要闭合时才能松开左键，否则线条首尾会自动

图 4-26

闭合。在使用【套索工具】时，按住鼠标左键的同时，再按住【Delete】键不放，可使圆滑的曲线逐步变成直线，当直线变到起始点时，选区线将会全部消失。

（2）多边形套索工具。

【多边形套索工具】用于选取一些复杂的、棱角分明的图像，通过鼠标的连续单击创建选区边缘，具体操作步骤如下。

Step01　按【Ctrl+O】组合键，打开"素材文件\第4章\帽子.jpg"文件。选择工具箱中的【多边形套索工具】🗹，在需要创建选区的图像边缘单击，确认起始点，在需要改变选取范围方向的转折点处单击，创建节点，如图 4-27 所示。

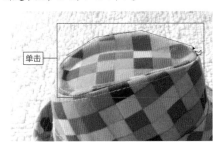

图 4-27

Step02　最后当终点与起点重合时，鼠标指针下方显示一个闭合图标🖑，如图 4-28 所示。

图 4-28

Step03　单击完成选取的操作，得到一个多边形选区，如图 4-29 所示。

图 4-29

使用【多边形套索工具】创建选区的过程中，按下【Ctrl】键的同时单击，无论单击什么位置，都可与起始点直接连接闭合选区；按下【Alt】键时，可以临时切换为【套索工具】，松开【Alt】键时，还原为【多边形套索工具】。

（3）磁性套索工具。

使用【磁性套索工具】绘制选区时，系统会自动识别边缘像素，使套索路径自动吸附在对象边缘上。选择工具箱中的【磁性套索工具】🗹，其选项栏如图 4-30 所示，各参数作用如表格所示。

图 4-30

❶ 宽度	决定了以鼠标指针中心为基准，其周围有多少个像素能够被工具检测到，如果对象的边界不是特别清晰，就需要使用较小的宽度值
❷ 对比度	用于设置工具感应图像边缘的灵敏度。如果图像的边缘对比清晰，可将该值设置得高一些；如果边缘不是特别清晰，则设置得低一些

❸ 频率	用于设置创建选区时生成的锚点的数量。该值越高，生成的锚点越多，捕捉到的边界越准确，但是过多的锚点会造成选区的边缘不够光滑
❹ 钢笔压力	如果计算机配置有数位板和压感笔，可以按下该按钮，Photoshop 会根据压感笔的压力自动调整工具的检测范围

使用【磁性套索工具】创建选区的具体操作步骤如下。

Step01 选择工具箱中的【磁性套索工具】，在图像物体边缘处单击，确认起始点，然后沿对象的边缘进行拖动，如图 4-31 所示。

Step02 当终点与起始点重合时，鼠标指针呈形状，单击鼠标左键即可创建一个图像选区，如图 4-32 所示。

图 4-31

图 4-32

（4）魔棒工具。

【魔棒工具】是通过分析颜色区域创建选择区域，选择工具箱中的【魔棒工具】，其选项栏如图 4-33 所示，各参数作用如表格所示。

图 4-33

❶ 取样大小	可根据光标所在位置像素的精确颜色进行选择；选择【3×3平均】选项，可参考光标所在位置 3 个像素区域内的平均颜色；选择【5×5平均】选项，可参考光标所在的位置 5 个像素区域内的平均颜色。其他选项依次类推
❷ 容差	控制创建选区范围的大小。输入的数值越小，要求的颜色越相近，选取范围就越小，相反，则颜色相差越大，选取范围就越大
❸ 消除锯齿	模糊羽化边缘像素，使其与背景像素产生颜色的逐渐过渡，从而去掉边缘明显的锯齿状
❹ 连续	选中该复选框时，只选取与鼠标单击处相连接区域中相近的颜色；如果取消选中该复选框，则选取整个图像中相近的颜色
❺ 对所有图层取样	用于有多个图层的文件，选中该复选框时，选取文件中所有图层中相同或相近颜色的区域；取消该复选框时，只选取当前图层中相同或相近颜色的区域

使用【魔棒工具】创建选区的具体操作步骤
如下。

Step01 按【Ctrl+O】组合键，打开"素材文
件 \ 第 4 章 \ 衣服 .jpg"文件。选择工具箱中的
【魔棒工具】，在目标颜色处单击，如图 4-34
所示。

Step02 释放鼠标后，得到一个区域选区，如
图 4-35 所示。

图 4-34

图 4-35

技术看板

在使用选区时，如何取消和隐藏选区

使用【取消选区】命令可以取消当前选择
区域，当创建选区后并对选区操作完成后，可
以通过以下任意一种方法取消选区。

方法 1：执行【选择】→【取消选择】命令。

方法 2：在当前选择区域外单击，可以快
速取消当前选择区域。

方法 3：按【Ctrl+D】组合键。

创建选区后，执行【视图】→【显示】→
【选区边缘】命令，或者按【Ctrl+H】组合键
即可隐藏选区，选区虽然被隐藏，但是它仍然
存在，并限定用户操作的有效区域。再次执行
此命令，可以再次显示选区。

4.4.2　修饰工具的使用

使用修饰工具可以对宝贝图片进行后期处理，以弥补在拍摄时因技术或其他原因导致的效果缺陷，
其原理是图像的复制，下面介绍修饰工具的使用方法。

1. 污点修复画笔工具

【污点修复画笔工具】可以迅速修复图像中的瑕疵或污点。选择工具箱中的【污点修复画笔工具】
，其选项栏如图 4-36 所示，各参数作用如表格所示。

图 4-36

❶ 模式	用于设置修复图像时使用的回合模式
❷ 类型	用于设置修复方法。选中【近似匹配】单选按钮，所涂抹的区域将以周围的像素进行覆盖；选中【创建纹理】单选按钮，所涂抹的区域将以其他的纹理进行覆盖，【内容识别】单选按钮是由软件自动分析周围图像的特点，将图像进行拼接组合后填充在该区域并进行融合，从而达到快速无缝的拼接效果
❸ 对所有图层取样	选中该复选框，可从所有的可见图层中提取数据。取消选中该复选框，则只能从被选取的图层中提取数据

使用【污点修复画笔工具】修复宝贝的具体操作步骤如下。

Step01 按【Ctrl+O】组合键，打开"素材文件 \ 第 4 章 \ 格子裤 .jpg"文件。选择工具箱中【污点修复画笔工具】 ，拖动鼠标指针在修复区域反复拖曳进行涂抹，如图 4-37 所示。

Step02 拖曳到污点消失即可，如图 4-38 所示。使用工具时需要注意，如果瑕疵不大，画笔大小应以盖住瑕疵为宜。

图 4-37　　　　　　　图 4-38

2. 修复画笔工具

使用【修复画笔工具】时，需要先取样，然后将选取的图像填充到要修复的目标区域，使修复的区域和周围的图像相融合。选择工具箱中的【修复画笔工具】 ，其选项栏如图 4-39 所示，各参数作用如表格所示。

图 4-39

❶ 模式	在下拉列表中可以设置修复图像的混合模式
❷ 源	设置用于修复像素的源。选中【取样】单选按钮，可以从图像的像素上取样；选中【图案】单选按钮，则可在图案下拉列表中选择一个图案作为取样，效果类似于使用图案图章绘制图案
❸ 对齐	选中该复选框，会对像素进行连续取样，在修复过程中，取样点随修复位置的移动而变化；取消选中该复选框，则在修复过程中始终以一个取样点为起始点
❹ 样本	如果要从当前图层及其下方的可见图层中取样，可以选择【当前和下方图层】选项；如果仅从当前图层中取样，可选择【当前图层】选项；如果要从所有可见图层中取样，可选择【所有图层】选项

使用【修复画笔工具】可以细致地对图像的细节部分进行修复，如去除淘宝美妆模特脸上的瑕疵，具体操作步骤如下。

Step01 按【Ctrl+O】组合键，打开"素材文件 \ 第 4 章 \ 美女 .jpg"文件。选择工具箱中的【修复画笔工具】 ，❶ 在选项栏中将画笔硬度设置为 0%，画笔大小与斑点相同。❷ 按住【Alt】键，在斑点周围正常的皮肤处单击取样，如图 4-40 所示。

Step02 再在斑点处单击，即可盖住斑点，遮盖每一处斑点时需在其附近重新取样，修复完成后的图像如图 4-41 所示。

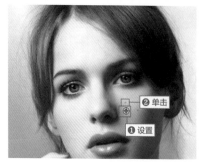 

图 4-40　　　　　　　图 4-41

3. 修补工具

【修补工具】使用选定区域像素替换修补区域像素，并自动将取样区域的纹理、光照和阴影与源点区域进行匹配，使替换区域与背景自然汇合。选择工具箱中的【修补工具】 ，其选项栏如图 4-42 所示，各参数作用如表格所示。

图 4-42

❶ 运算按钮	此处是针对应用创建选区的工具进行的操作，可以对选区进行添加等操作。
❷ 修补	用于设置修补方式。选中【源】单选按钮，当将选区拖至要修补的区域以后，放开鼠标就会用当前选中的图像修补原来选中的内容；选中【目标】单选按钮，会将选中的图像复制到目标区域
❸ 透明	该复选框用于设置所修复图像的透明度
❹ 使用图案	可以应用图案对所选择的区域进行修复

使用【修补工具】修补图像的具体操作步骤如下。

Step01 按【Ctrl+O】组合键，打开"素材文件\第 4 章\甜食.jpg"文件。选择工具箱中的【修补工具】 ，在选项栏中选中【源】单选按钮，在豆子边缘拖动鼠标创建选区，如图 4-43 所示。

图 4-43

Step02 将鼠标指针移到选区内，按住鼠标左键不放向下拖动，移动源区域到目标区域，源选区内的图像将被目标区域覆盖，如图 4-44 所示。

Step03 释放鼠标后如图 4-45

图 4-44

所示，按【Ctrl+D】组合键取消选区，完成图像修复，如图 4-46 所示。

图 4-45

图 4-46

4. 红眼工具

【红眼工具】可以修正由于闪光灯原因造成的人物红眼、过暗或绿色反光。选择工具箱中的【红眼工具】 ，其选项栏如图 4-47 所示，各参数作用如表格所示。

图 4-47

❶瞳孔大小	可设置瞳孔（眼睛暗色的中心）的大小
❷变暗量	用于设置瞳孔的暗度

使用【红眼工具】修复红眼的操作方法非常简单，具体操作步骤如下。

Step01 按【Ctrl+O】组合键，打开"素材文件 \ 第 4 章 \ 红眼 .jpg"文件。选择工具箱中的【红眼工具】➕👁，将鼠标指针移至红眼处并单击，如图 4-48 所示。

Step02 释放鼠标后即可完成红眼的消除与修正，如图 4-49 所示。

图 4-48　　　　图 4-49

5. 仿制图章工具

【仿制图章工具】可以像盖图章一样将取样的图像复制到其他区域中。选择工具箱中的【仿制图章工具】🔖，其选项栏如图 4-50 所示，各参数作用如表格所示。

图 4-50

❶对齐	选中该复选框，可以连续对图像进行取样；取消选中该复选框，则每单击一次鼠标，都使用初始取样点中的样本像素，因此，每次单击都被视为是另一次复制
❷样本	在样本列表框中，可以选择取样的目标范围，分别可以设置【当前图层】【当前和下方图层】和【所有图层】3 种取样目标范围

使用【仿制图章工具】复制图像的具体操作步骤如下。

Step01 按【Ctrl+O】组合键，打开"素材文件 \ 第 4 章 \ 牛仔裤 .jpg"文件。选择工具箱中的【仿制图章工具】🔖，将工具指向图像窗口中要采样的目标位置，按住【Alt】键，然后单击进行采样，如图 4-51 所示。

Step02 采样完成后释放【Alt】键，将鼠标指针指向图像中的目标位置，拖动鼠标进行涂抹即可逐步复制图像，如图 4-52 所示。在操作的过程中可以多次单击复制后再涂抹。

图 4-51　　　　　图 4-52

4.4.3　辅助工具的使用

辅助工具的主要作用是帮助用户更好地完成选择、定位或编辑图像的操作，下面介绍常用的辅助工具的使用方法。

1. 缩放图像

缩放图像是为了方便编辑，将图像在屏幕进行显示比例的放大或缩小，并不会改变图像的实际尺寸，下面介绍常用的缩放方法。

方法 1：选择工具箱中的【缩放工具】 ，当鼠标指针变为 形状时，在图像窗口中单击或按住【Alt】键单击，可放大或缩小图像。按住鼠标左键，在图像窗口中拖动出一个矩形区域，可将选区区域局部放大至整个窗口。

方法 2：编辑图像时，按【Ctrl+（＋）】组合键能以一定的比例快速放大图像；按【Ctrl+（－）】组合键能以一定的比例快速缩小图像，图 4-53 所示为使用快捷键缩小图像前后的对比效果。熟练的美工一般都会用快捷键直接进行缩放。

图 4-53

2. 抓手工具

当窗口不能显示全部图像时，此时窗口将自动出现垂直或水平滚动条，如果要查看被放大图像的隐藏区域，可以使用【抓手工具】移动画面，查看图像的不同区域，也可以用于缩放视图。

选择工具箱中的【抓手工具】 ，在画面中按住鼠标左键不放并拖动，可以平移图像在窗口中的显示内容，以方便观察图像窗口中无法显示的内容，图 4-54 所示为平移图像前后的对比效果。

图 4-54

技术看板

抓手工具有什么使用技巧

选择工具箱中的【抓手工具】 ，将自动调整图像大小以适合屏幕的显示范围。用户在使用大部分工具的过程中，按【Space】键可快速切换到"抓手工具"；释放【Space】键后又可切换到原工具，便于用户在处理图像的过程中调整视图。

3. 标尺与参考线

【标尺】可以精确地确定图像或元素的位置，执行【视图】→【标尺】命令，使【标尺】命令前出现【✔】标志即可将标尺工具调出，如图 4-55 所示。若要隐藏标尺，执行相同命令即可。按【Ctrl + R】组合键也可以显示和隐藏标尺。显示标尺后，标尺出现在当前文件窗口的顶部和左侧，如图 4-56 所示。

图 4-55　　　　　　　　图 4-56

在图像中显示【标尺】后，将鼠标指针移至水平标尺上，单击并向下拖动可以拖出水平参考线；将鼠标指针移至垂直标尺上，单击并向右拖动可以拖出垂直参考线，如图 4-57 所示。

图 4-57

在精确测量位置或进行对齐操作时需要用到参考线。参考线浮动在图像上方，且不会被打印出来。下面来精确地设置参考线。

选择菜单栏中的【视图】命令，在弹出的菜单中选择【新建参考线】命令，❶ 在打开的【新建参考线】对话框中选中需要的参考线方向单选按钮，❷ 输入参考线的位置，❸ 单击【确定】按钮，如图 4-58 所示。即可在图像上对应的位置精确地新建参考线，如图 4-59 所示。

图 4-58

图 4-59

4．网格

网格也是一种常用的辅助工具，用于对齐各种规则性较强的图案。在默认情况下，网格不会被打印出来。执行【视图】→【显示】→【网格】命令，即可显示出网格，如图 4-60 所示。若要隐藏网格，执行相同命令即可。或者按【Ctrl+'】组合键，也可显示或隐藏网格。

图 4-60

4.4.4　文字工具的使用

在进行首焦图、主图、详情页等的设计时，文字的设计都起着重要的作用。在 Photoshop 中提供了丰富的文字工具及编辑文字功能，本节将介绍文字工具的使用。

1．快速编辑点文本与段落文本

在 Photoshop 中，文字分为点文本和段落文本两种形式。选中文字工具后，直接单击生成的是点文本，按住鼠标左键不放拖出文本框，生成的是段落文本。

（1）点文本。

选择工具箱中的【横排文字工具】**T**，其选项栏如图 4-61 所示，选项栏中常用参数含义如表格所示。

图 4-61

❶ 更改文本方向	如果当前文字为横排文字，单击该按钮，可将其转换为竖排文字；如果是竖排文字，则可将其转换为横排文字
❷ 设置字体	在该选项下拉列表中可以选择字体
❸ 字体样式	用来为字符设置样式，包括 Regular（规则的）、Italic（斜体）、Bold（粗体）和 Bold Italic（粗斜体）。该选项只对部分英文字体有效
❹ 字体大小	可以选择字体的大小，或者直接输入数值来进行调整
❺ 消除锯齿的方法	可以为文字消除锯齿选择一种方法，Photoshop 会通过部分填充边缘像素来产生边缘平滑的文字，使文字的边缘混合到背景中而看不出锯齿。其中包含选项【无】【锐利】【犀利】【深厚】和【平滑】
❻ 文本对齐	根据输入文字时光标的位置来设置文本的对齐方式，包括左对齐文本、居中对齐文本和右对齐文本
❼ 文本颜色	单击颜色块，可以在打开的【拾色器】对话框中设置文字的颜色
❽ 文本变形	单击该按钮，可以在打开的【变形文字】对话框中为文本添加变形样式，创建变形文字
❾ 显示／隐藏字符面板和段落面板	单击该按钮，可以显示或隐藏【字符】和【段落】面板
❿ 取消所有当前编辑	单击该按钮，取消所有当前编辑
⓫ 提交所有当前编辑	单击该按钮，即可完成当前编辑

下面介绍点文本的具体运用。

Step01 按【Ctrl+O】组合键，打开"素材文件 \ 第 4 章 \ 豆浆机 .jpg"文件。选择工具箱中的【横排文字工具】**T**，在其选项栏中设置字体为【方正粗倩简体】，大小为【10 点】，颜色为【浅棕色】，如图 4-62 所示。也可以先使用选项栏中的默认参数，输入字体后再更改其属性。

图 4-62

Step02 在图像右上端单击，在出现的文本框中输入文字，如图 4-63 所示，再按【Enter】键换行，输入第二行文字。点文本不能自动换行，当需要换行时，需要按【Enter】键换行。将光标放到标点符号"！"的后面，按住鼠标左键不放拖动，选中第二行的 3 个文字，在选项栏中选择大小，可以改变文字局部的大小，如图 4-64 所示。完成编辑后，单击选项栏中的【提交所有当前编辑】按钮 ✔ 即可。

图 4-63　　　　　　图 4-64

图 4-66 所示。编辑完成后，单击选项栏中的【提交所有当前编辑】按钮✔️即可。

图 4-66

如何快速调整文字大小

当文字处于选择状态中，按【Ctrl+Shift+<】组合键可将文字字号以两个像素的倍数减小，按【Ctrl+Shift+>】组合键可将文字字号以两个像素的倍数增大；按【Alt+Ctrl+Shift+<】组合键可将文字字号以 10 个像素的倍数减小，按【Alt+Ctrl+Shift +>】组合键可将文字字号以 10 个像素的倍数增大。

（2）段落文本。

选择工具箱中的文字工具，如选择【横排文字工具】**T**，在选项栏中设置字体、字号和颜色，在文件中按住鼠标左键不放向下拖动，此时会出现一个文本框。在文本框内输入文字后，文字会随框架的宽度自动换行，如图 4-65 所示。

图 4-65

当输入的段落文字超出了文本框所能容纳的文字数量时，在框架右下角会出现一个溢流图标￪，提醒用户有多余的文本没有显示出来。调整文本框的宽度和高度，文字会随之调整，如

如何将文字图层转换为普通图层

点文字和段落文字属于矢量文字，若栅格化文字后，就不能返回矢量文字的可编辑状态，也就不存在字体的约束了，可以应用滤镜等其他操作。选择要栅格化的文字图层，图层面板如图 4-67 所示。执行【文字】→【栅格化文字图层】命令，文字被栅格化，如图 4-68 所示。

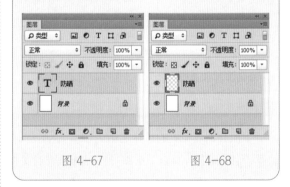

图 4-67　　　　　　图 4-68

2.【字符】与【段落】面板

通过【字符】与【段落】面板，可以对创建的文字与段落进行详细的编辑，如设置文字字体、字号、字间距、行间距、首字缩进等。

（1）【字符】面板。

编辑文字属性不仅可以在文字工具属性栏中更改，还可以使用【字符】面板中的选项对文字进行编辑。通过该面板，可以对文本的字体、字间距、行间距、缩放比例和文本颜色等进行编

辑。执行【窗口】→【字符】命令，或者单击文字工具选项栏中的【显示 / 隐藏字符面板和段落面板】
按钮 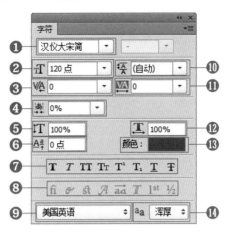，打开【字符】面板，如图 4-69 所示。

图 4-69

【字符】面板中提供了比工具选项栏更多的选项，其常见的参数作用如下。

❶ 设置字体系列	该选项与在文字工具选项栏中设置字体系列选项相同，用于设置选中文本的字体
❷ 设置字体大小	在其下拉列表框中选择预设的文字大小值，也可在文本框中输入大小值，对文字的大小进行设置
❸ 设置所选字符的字距	选中需要设置的文字后，在其下拉列表框中选择需要调整的字距数值
❹ 设置所选字符的比例间距	选中需要进行比例间距设置的文字，在其下拉列表框中选择需要变换的间距百分比，百分比越大比例间距越近
❺ 垂直缩放	选中需要进行缩放的文字后，垂直缩放的文本框显示为 100%，可以在文本框中输入任意数值对选中的文字进行垂直缩放
❻ 设置基线偏移	在该选项中可以对文字的基线位置进行设置，输入不同的数值设置基线偏移的程度，输入负值可以将基线向下偏移，输入正值则可以将基线向上偏移
❼ 设置字体样式	通过单击面板中的按钮可以对文字进行仿粗体、仿斜体、全部大写字母、小型大写字母，以及设置文字为上标、下标及为文字添加下画线、删除线等
❽ OpenType 字体	包含了当前 PostScript 和 TrueType 字体不具备的功能，如花饰字和自由连字
❾ 连字及拼写规则	可用语言词典检查连字符，以及对所选字符进行拼写设置
❿ 设置行距	使用文字工具进行多行文字的创建时，可以通过面板下的【设置行距】选项对多行的文字间距进行设置，在下拉列表框中选择固定的行距值，也可在文本框中直接输入数值进行设置，输入的数值越大则行间距越大
⓫ 设置两个字符间的字距微调	该选项用于设置两个字符之间的字距微调
⓬ 水平缩放	选中需要进行缩放的文字，水平缩放的文本框显示默认值为 100%，可以在文本框中输入任意数值对选中的文字进行水平缩放
⓭ 设置文本颜色	在面板中直接单击颜色块可以弹出【选择文本颜色】对话框，在该对话框中选择适合的颜色即可完成对文本颜色的设置
⓮ 设置消除锯齿的方法	该选项与在其选项栏中设置消除锯齿的方法效果相同，用于设置消除锯齿的方法

（2）【段落】面板。

【段落】面板能够对文字的对齐方式和段落格式进行具体的设置，通过段落面板能实现对文本或段落文字的多种对齐，能进行段落左右缩进和段首缩进，能在段前和段后添加空白行。执行【窗口】→【段落】命令，打开【段落】面板，如图 4-70 所示。

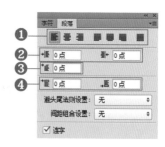

图 4-70

【段落】面板中常见的参数作用如下。

❶ 对齐方式	在【段落】面板的首行选项按钮中，提供了 7 个对齐按钮以供选择。包括左对齐文本、右对齐文本、居中对齐文本、最后一行左对齐、最后一行居中对齐、最后一行右对齐和全部对齐
❷ 左缩进和右缩进	在左缩进和右缩进后的文本框中输入数值可以对段落文字进行单行或是整段文字的缩进
❸ 首行缩进	在【段落】面板中可以对段落文字的首行缩进进行单独控制，直接输入缩进量即可进行设置
❹ 在段前和段后添加空格	在设置段落文字时，段落间的间隔位置同样很重要，要在段前和段后添加空格，在文本框中输入点数即可对段前和段后的位置进行设置

美工经验

制作变形文字的两种方式

文字的变形有两种方式，一种是文字内部变形，另一种是文字沿路径变形。下面以宝贝详情页文字设计为例分别介绍制作这两种变形的操作方法。

1. 让文字内部变形

文字变形是指对创建的文字进行变形处理后得到的文字，具体操作步骤如下。

Step01 选中图 4-71 所示的点文本，单击选项栏中的【创建文字变形】按钮，打开【变形文字】对话框，❶ 单击【样式】后面的下拉按钮，❷ 在弹出的下拉列表框中选择变形样式，单击【确定】按钮，如图 4-72 所示。

Step02 此时，文字形状发生变化，如图 4-73 所示。设置【样式】为【无】，可取消当前选取文字的变形效果。单击选项栏中的【提交所有当前编辑】按钮✔即可完成编辑，如图 4-74 所示。

图 4-71

图 4-72

图 4-73　　　　　　　　图 4-74

图 4-75　　　　　　　　图 4-76

"变形文字"对话框中都有哪些常用的变形方式

"变形文字"对话框中常用的变形方式有以下几种。

水平：设置变形的中心轴为水平方向，当为负值时，为反方向变形。

垂直：设置变形的中心轴为垂直方向，当为负值时，为反方向变形。

弯曲：设置变形时的弯曲度，数值越大，弯曲程度就越大，为反方向变形。

水平扭曲：设置在水平方向上产生的扭曲程度，为反方向变形。

垂直扭曲：设置在垂直方向上产生的扭曲程度，为反方向变形。

2. 沿路径变形文字

选择工具箱中的【钢笔工具】，选择选项栏中的【路径】选项，绘制路径。选择工具箱中的【横排文字工具】 T ，在选项栏中设置好文字的属性，将光标放到路径上，出现图 4-75 所示的符号。此时输入的文字会沿着路径绕排，如图 4-76所示。

4.5　网店装修中宝贝图片的编辑

在网店装修过程中，经常需要对选区进行编辑操作，还需要对宝贝、文字等进行缩放、旋转等变换操作。本节将介绍选区的编辑及宝贝的变换操作。

4.5.1　选区的编辑与变换

创建选区后，往往需要对其进行编辑，如反向、移动、扩大选取、选取相似等，本节将介绍编辑选区的方法。

1. 反向选择

创建选区后，有时需要将创建的选区与非选区进行相互转换，下面介绍其具体的操作步骤。

Step01 按【Ctrl+O】组合键，打开"素材文件\第 4 章\运动装.jpg"文件。选择工具箱中的【磁性套索工具】，沿运动装拖动创建选区，如图 4-77 所示。

图 4-77

Step02 执行【选择】→【反向】命令，此时系统将创建的选区与非选区之间进行转换，得到了新选区，如图 4-78 所示。

图 4-78

2. 移动选区

创建好选区后，可以对选区或选区中的图像进行移动操作，选区的移动非常简单，下面介绍几种常用的方法。

方法 1：创建选区后，如果选项栏中的【新选区】按钮▣为选中状态，则使用选框、套索和魔棒工具时只要将鼠标指针放在选区内，如图 4-79 所示，单击并拖动鼠标便可以移动选区，如图 4-80 所示。在用鼠标拖动选区的过程中，按住【Shift】键不放可使选区在水平、垂直或 45° 斜线方向移动。

方法 2：使用【矩形选框工具】【椭圆选框工具】创建选区时，在放开鼠标按键前，按住【Space】键拖动鼠标，即可移动选区。

图 4-79   图 4-80

方法 3：按【↑】【↓】【→】【←】键轻微移动选区。

3. 扩大选取

【扩大选取】命令会查找并选择那些与当前选区中的像素色调相近的像素，从而扩大选择区域，命令只扩大到与原选区相连接的区域。其具体操作步骤如下。

Step01 按【Ctrl+O】组合键，打开"素材文件 \ 第 4 章 \ 鞋子 .jpg"文件。选择工具箱中的【魔棒工具】，在左边背景处单击创建选区，如图 4-81 所示。

Step02 执行【选择】→【扩大选取】命令，选区被扩大，如图 4-82 所示。

图 4-81

图 4-82

4. 选取相似

【选取相似】命令时同样会查找并选择那些与当前选区中的像素色调相近的像素。该命令可以查找整个文档，包括与原选区没有相邻的像素。具体操作步骤如下。

Step01 选择工具箱中的【魔棒工具】，在左边背景处单击创建选区，如图 4-83 所示。

图 4-83

Step02 执行【选择】→【选取相似】命令，相似色彩被选中，如图 4-84 所示。

图 4- 84

5. 扩展与收缩选区

【扩展】命令可以对选区进行扩展，具体操作步骤如下。

Step01 按【Ctrl+O】组合键，打开"素材文件 \ 第 4 章 \ 台灯 .jpg"文件。选择工具箱中的【磁性套索工具】，沿台灯拖动创建选区，如图 4-85 所示。

图 4-85

Step02 执行【选择】→【修改】→【扩展】命令，在打开的【扩展选区】对话框中设置数值，如图 4-86 所示。单击【确定】按钮，选区被扩展，如图 4-87 所示。

图 4-86

图 4-87

【收缩】命令可以使选区缩小，具体操作步骤如下。

Step01 选择工具箱中的【磁性套索工具】，沿台灯拖动创建选区，如图 4-88 所示。

图 4-88

Step02 执行【选择】→【修改】→【收缩】命令，在打开的【收缩选区】对话框中设置数值，如图 4-89 所示。单击【确定】按钮，选区被收缩，如图 4-90 所示。

图 4-89

图 4-90

6. 边界选区

【边界】命令可以将选区的边界向内部和外部扩展，扩展后的边界与原来的边界形成新的选区。具体操作步骤如下。

Step01 按【Ctrl+O】组合键，打开"素材文件＼第 4 章＼BB 霜 .jpg"文件。选择工具箱中的【矩形选框工具】创建选区，如图 4-91 所示。

图 4-91

Step02 执行【选择】→【修改】→【边界】命令，在打开的【边界选区】对话框中设置数值，如图 4-92 所示。单击【确定】按钮，选区效果如图 4-93 所示。

图 4-92

图 4-93

7. 羽化选区

【羽化】命令用于对选区进行羽化。羽化是通过建立选区和选区周围像素之间的转换边界来模糊边缘的，这种模糊方式将丢失选区边缘的一些图像细节。羽化选区的具体操作步骤如下。

Step01 按【Ctrl+O】组合键，打开"素材文件＼第 4 章＼柠檬片 .psd"文件。选择工具箱中的【矩形选框工具】创建选区，如图 4-94 所示。

Step02 执行【选择】→【修改】→【羽化】命令，在打开的【羽化】对话框中设置数值，如图 4-95 所示，单击【确定】按钮。

Step03 此时，选区被羽化，如图 4-96 所示。选中背景图层，单击图层面板下方的【创建新图层】按钮，在文字所在图层的下面新建图层，如图 4-97 所示。

图 4-94

图 4-95

图 4-96

图 4-97

Step04 设置前景色为黄色，按【Alt+Delete】组合键填充前景色，如图 4-98 所示，按【Ctrl+D】组合键取消选区。

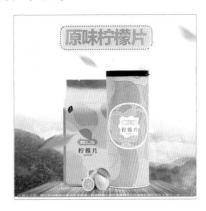

图 4-98

8. 变换选区

【变换选区】命令即可对选区进行任意的变形操作，也可以改变选区的大小和形状。创建选区后，执行【选择】→【变换选区】命令，图像周围会出现控制框，此时在图像上右击，在弹出的快捷菜单中选择相应命令可以对选区进行斜切、扭曲和透视等复杂的变换操作，如选择【缩放】命令，如图 4-99 所示。将鼠标指针放于右上角的控制点处，向下拖动缩小选区，如图 4-100 所示，完成变换后按【Enter】键确认即可。

图 4-99

图 4-100

4.5.2 宝贝图片及文字的变换

有时需要对宝贝、文字等进行缩放、旋转、斜切、透视、变形等操作，执行【编辑】→【自由变换】命令或按【Ctrl+T】组合键，显示变换定界框，定界框外面有 8 个控制点，中间有一个中心点。在定界框中右击，在弹出的快捷菜单中可以选择相应的命令，如图 4-101 所示。

图 4-101

（1）缩放。

【缩放】命令用于缩放选择的图像。按住【Shift】键的同时单击并拖曳控制点，可以在缩放图像时保持比例不变；按住【Alt】键的同时单击并拖曳控制点，可以从中心点开始缩放。具体操作步骤如下。

Step01 按【Ctrl+O】组合键，打开"素材文

件＼第 4 章＼缩放素材 .psd"文件，选中宝贝所在的图层，按【Ctrl+T】组合键，在定界框中右击，在弹出的快捷菜单中选择【缩放】命令，将鼠标指针放到右上角的控制点处，如图 4-102 所示。

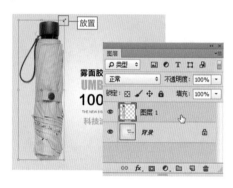

图 4-102

Step02 按住【Shift】键的同时单击并拖曳控制点向内拖动，即可缩小对象，如图 4-103 所示。

Step03 将鼠标指针放到定界框内按住鼠标左键不放拖动可以移动宝贝，如图 4-104 所示，最后按【Enter】键确定即可，如图 4-105 所示。

图 4-103

图 4-104

图 4-105

技术看板

**缩小宝贝后再放大成原大小，宝贝会变模糊，
如何解决呢**

　　使用智能对象可以达到无损处理的效果，选中宝贝所在的图层并右击，在弹出的快捷菜单中选择【转换为智能对象】命令，如图 4-106 所示。转换后的图层右下角出现符号■，如图 4-107 所示。此时，无论进行任何变形处理，图像始终和原始效果一样，没有一点模糊（当然这也有个限度，就是不能超出图形原来的大小），因为把宝贝设定为智能对象后，所有的像素在变形的时候都会被保护起来。

图 4-106

图 4-107

　　（2）旋转。

　　使用【旋转】命令可以将宝贝旋转任意角度，具体的操作步骤如下。

Step01 按【Ctrl+O】组合键，打开"素材文件 \ 第 4 章 \ 旋转素材 .psd"文件。选中宝贝所在的图层，按【Ctrl+T】组合键，在定界框中右击，在弹出的快捷菜单中选择【旋转】命令，将鼠标指针放到右上角的控制点处，如图 4-108 所示。

图 4-108

Step02 当指针变为旋转箭头时按住鼠标左键不放并拖曳，即可旋转图像，如图 4-109 所示。

图 4-109

Step03 旋转后按【Enter】键确定即可，如图 4-110 所示。可以看到，旋转后倾斜的宝贝比水平放置的宝贝更有动感。若要 180° 旋转宝贝可以直接执行【水平翻转】或【垂直翻转】命令，图 4-111 所示为【水平翻转】后的效果。

在的图层，按【Ctrl+T】组合键，在定界框中右击，在弹出的快捷菜单中选择【斜切】命令，将鼠标指针放到上方中间的控制点处，如图 4-112 所示。

图 4-110

图 4-112

Step02 按住鼠标左键不放并拖曳即可斜切宝贝，如图 4-113 所示。完成后按【Enter】键确定即可，如图 4-114 所示。

图 4-113

图 4-111

（3）斜切。

【斜切】命令通过拖曳单个控制点设置图像的变形效果，如将矩形变成平行四边形。其具体的操作步骤如下。

Step01 按【Ctrl+O】组合键，打开"素材文件＼第 4 章＼斜切素材 .psd"文件。选中宝贝所

图 4-114

（4）扭曲。

【扭曲】命令可通过拖曳控制点进行倾斜、变形等操作，其具体的操作步骤如下。

Step01 按【Ctrl+O】组合键，打开"素材文件 \ 第 4 章 \ 扭曲素材 .psd"文件。选中宝贝所在的图层，按【Ctrl+T】组合键，在定界框中右击，在弹出的快捷菜单中选择【扭曲】命令，将鼠标指针放到控制点处，如图 4-115 所示。

图 4-115

Step02 按住鼠标左键不放并拖曳即可任意扭曲宝贝，控制点两端的线条会随节点的移动而变化，调整右端上、下的两个控制点后的效果如图 4-116 所示。

图 4-116

（5）透视。

执行【透视】命令后，在拖曳一个控制点的同时，与其相对应的控制点会发生对称变换，形成透视变换效果。具体操作步骤如下。

Step01 按【Ctrl+O】组合键，打开"素材文件 \ 第 4 章 \ 透视素材 .psd"文件。选中文字所在的图层，按【Ctrl+T】组合键，在定界框中右击，在弹出的快捷菜单中选择【透视】命令，将鼠标指针放到右上角的控制点处，如图 4-117 所示。

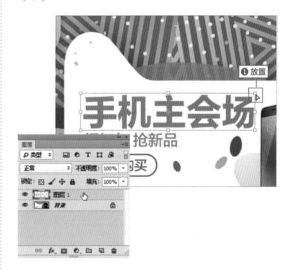

图 4-117

Step02 按住鼠标左键不放并拖曳即可透视文字，如图 4-118 所示。完成后按【Enter】键确定即可，如图 4-119 所示。

图 4-118

图 4-119

（6）变形。

执行【变形】命令后，对象四周出现变形网格，通过变形网格可以自由设置变形效果。具体的操作步骤如下。

Step01 按【Ctrl+O】组合键，打开"素材文件 \ 第 4 章 \ 变形素材 .psd"文件。选中文字所在的图层，按【Ctrl+T】组合键，在定界框中右击，在弹出的快捷菜单中选择【变形】命令，显示如图 4-120 所示的网格。

图 4-120

Step02 单击并拖曳控制点，文字会随着网格的变形而变形，如图 4-121 所示。

图 4-121

Step03 完成后按【Enter】键确定即可，如图 4-122 所示。变形后的文字显得俏皮活泼，与动感的画面相得益彰。

图 4-122

第5章
PS进阶：网店设计与装修必会技能

本章导读

使用 Photoshop 进行网店装修设计，必须要学会图层、路径、通道和蒙版的使用，这是网店美工的基本功。那么，如何将这些技能熟练地运用到网店装修设计中呢？带着这些学习目标，下面进入本章的学习。

知识要点

通过本章内容的学习，大家能够学习到使用 Photoshop 装修网店的必会技能。学完后需要掌握的相关技能知识如下。

▲ 网店装修必会的图层知识

▲ "路径"在网店装修中的应用

▲ 使用"通道"抠取宝贝图片

▲ "蒙版"在网店装修中的应用

5.1 网店装修必会的图层知识

使用 Photoshop 装修店铺首先要学会图层面板的使用，这是美工使用 Photoshop 的基本功，本节将介绍图层的基本操作。

5.1.1 认识图层面板

Photoshop 的图层就像是在很多透明的纸上绘制图画重叠在一起，在操作的时候可以对任意一层透明纸上的图画进行处理，并不影响其他透明纸上的图画，这是在计算机图形软件中画图与在纸上画图的最大区别。图层可把图像各部分放在不同的层上，在进行编辑时，不会相互干扰影响。不同图层中的图像，都是相对独立的对象，各图层中的图像可单独移动，并有上下层之分，当上层图像遮住下层时，下层图像被遮蔽部分便不可见。

图层面板是进行图层编辑操作时必不可少的工具，默认的位置在软件的右方，若图层面板被关闭，执行【窗口】→【图层】命令或按【F7】键，将在工作区中显示图层面板。图层面板如图 5-1 所示，面板中的各项功能如表格所示。

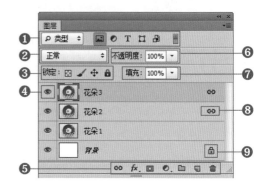

图 5-1

❶ 图层搜索		在 Photoshop 中，可以通过搜索类型，包括名称、效果、颜色、模式和属性，对图层进行搜索与排序。对于有着大量图层的 Photoshop 文件来说，这无疑是一个非常实用的新功能，可以帮助用户快速找到需要的图层
❷ 混合模式		用来设置当前图层的混合模式，使之与下面的图像产生混合
❸ 锁定按钮		用来锁定当前图层的属性，使其不可编辑，包括图像像素、透明像素和位置
❹ 图层显示标志		显示该标志的图层为可见图层，单击它可以隐藏图层。隐藏的图层不能编辑
❺ 快捷图标		图层操作常用快捷按钮，包括链接图层、图层样式、新建图层、删除图层等按钮
❻ 不透明度		设置当前图层的不透明度，使之呈现透明状态，从而显示出下面图层中的内容
❼ 填充		设置当前图层的填充不透明度，它与图层的不透明度类似，但只影响图层中绘制的像素和形状的不透明度，不会影响图层样式的不透明度
❽ 链接标志		用来链接当前选择的多个图层
❾ 锁定标志		显示该图标时，表示图层处于锁定状态

5.1.2 图层的基本操作

新建的图层一般位于当前图层的最上方，用户可以通过多种方法创建图层，下面介绍常用的创建方法。

1. 新建图层

单击图层面板底部的【创建新建图层】按钮，如图 5-2 所示。图层面板中出现新建的图层，自动命名为【图层 1】，如图 5-3 所示。默认名称为【图层 1】【图层 2】……按住【Ctrl】键的同时单击【创建新图层】按钮，可在当前图层的下面新建一个图层。

也可执行【图层】→【新建】→【图层】命令或按【Ctrl+Shift+N】组合键，打开【新建图层】对话框，单击【确定】按钮即可完成新建图层。

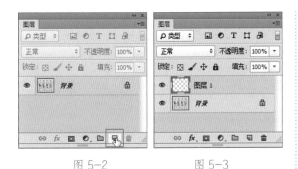

图 5-2　　　　　图 5-3

2. 选择和重命名图层

为了方便对图层进行管理，需要对图层进行重新命名。在图层面板中双击图层名称。这时，图层名称就进入可编辑状态，如图 5-4 所示。然后修改名称即可，如图 5-5 所示。

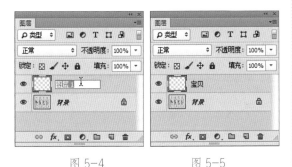

图 5-4　　　　　图 5-5

3. 隐藏和显示图层

在图层面板中，可以隐藏图层，被隐藏的图层中的内容不会受到破坏，具体操作步骤如下。

在图层面板中单击需要隐藏图层名称前面的【指示图层可视性】图标，可以在图像文件中隐藏该图层中的图像，如图 5-6 所示。单击图标，可以显示隐藏的图层，如图 5-7 所示。

图 5-6　　　　　图 5-7

若在单击某图层名称前面的【指示图层可视性】图标 时按住鼠标左键不放并纵向拖动，可以快速隐藏多个连续图层。按住【Alt】键，单击图层名称前面的【指示图层可见性】图标 ，可以在图像文件中仅显示该图层中的图像；若再次按住【Alt】键单击该图标，则重新显示刚才隐藏的所有图层。

4. 复制图层

复制图层是把当前图层的所有内容进行复制，并生成一个新图层，系统自动命名为当前图层的副本。在图层面板中拖动需要进行复制的图层，到面板底部的【创建新建图层】按钮 处，如图 5-8 所示。释放鼠标后即可复制图层，如图 5-9 所示。或者直接按【Ctrl+J】组合键也可快速复制图层。

图 5-8　　　　　图 5-9

5. 链接图层

使用图层链接，可以同时移动和变换多个图层的图像，或者用于合并不相邻的图层。按住【Ctrl】键，在图层面板中选择需要链接的两个或两个以上图层，如图 5-10 所示。单击图层面板底部的【链接图层】按钮 ，即可链接图层，如图 5-11 所示。链接后，移动其中一个图层上的宝贝，链接的宝贝也会随之移动。

图 5-10　　　　　　　图 5-11

图 5-14　　　　　　　图 5-15

6. 合并图层

图层的合并有向下合并图层、合并可见图层、拼合图像、盖印图层等多种方法，下面分别进行介绍。

（1）向下合并图层。

应用【向下合并图层】命令可以将选中的图层与下面一个图层相合并，合并图层有多种方法。在图层面板中选择需要向下合并的图层，如图 5-12 所示。按【Ctrl ＋ E】组合键或执行【图层】→【向下合并】命令，图层与下面的图层相合并，如图 5-13 所示。

图 5-12　　　　　　　图 5-13

（2）合并可见图层。

合并可见图层就是将当前可见的图层进行合并。选中任意一个可见的图层，执行【图层】→【合并可见图层】命令，或者按【Shift+Ctrl+E】组合键，所有可见图层被合并。选中图 5-14 中的图层，合并后的图层面板如图 5-15 所示。

（3）拼合图像。

拼合图像就是将图层面板中的所有图层进行合并，执行【图层】→【拼合图像】命令，可以将图像中的所有图层拼合为【背景】图层。拼合前后的图层面板如图 5-16 和图 5-17 所示。

图 5-16　　　　　　　图 5-17

（4）盖印图层。

盖印可以将多个图层的内容合并为一个目标图层，同时其他单个的图层不变，按【Shift+Ctrl+Alt+E】组合键可以盖印所有可见图层。盖印前后的图层面板如图 5-18 和图 5-19 所示。

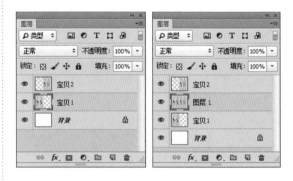

图 5-18　　　　　　　图 5-19

5.1.3　图层样式的使用

图层样式可以制作投影、发光、描边等效果，本节将介绍网店装修中常用的图层样式。按【Ctrl+O】组合键，打开"素材文件\第5章\推广图.psd"文件，如图5-20所示，选中文字"年货会"所在的图层，下面以此为例进行介绍。

图 5-20

1. 投影和内阴影

投影包括【投影】和【内阴影】两种图层样式，通过添加【投影】和【内阴影】图层样式效果可以增强图像的立体感及透视效果，【投影】效果即是在图层内容的后面添加阴影，【内阴影】可在图层内容边缘或内部增加投影。

在对话框中可以设置阴影的透明度、边缘羽化和投影角度等。设置【投影】参数如图5-21所示，此时图像效果如图5-22所示。

图 5-21

图 5-22

设置【内阴影】参数如图5-23所示，此时图像效果如图5-24所示。

图 5-23

图 5-24

【投影】和【内阴影】面板中常用参数含义如下。

● 结构：定义投影的组成结构，其中【角度】定义阴影的方向；【距离】设置阴影相对于图层内容的位移量；【扩展】设置阴影大小；【大小】设置光源离图层内容的距离。

● 品质：设置阴影的显示效果，其中【等高线】定义阴影渐隐的样式效果；【杂色】设置对阴影添加随机的透明点。

● 图层挖空投影：控制半透明图层中投影的可见性。

2. 外发光、内发光

【外发光】可以在图像内容边缘的外部产生发光效果，可以改变发光的颜色、大小等。设置【外发光】参数如图5-25所示，此时图像效果如图5-26所示。

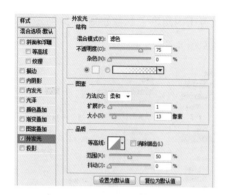

图 5-25

图 5-26

【外发光】面板中常用参数含义如下。

● **结构**：定义发光效果的组成结构。通过单击颜色图标或渐变色谱，弹出拾色器和渐变编辑器以设置发光颜色。

● **图素**：定义外发光的方式。其中，【方法】定义柔化蒙版的方法；【扩展】定义模糊之前扩大杂边边界；【大小】定义模糊半径。

● **品质**：设置外发光的显示效果。其中【范围】控制发光中作为等高线目标的范围；【抖动】改变渐变颜色和不透明度。

【内发光】用于设置图层对象的内边缘发光效果，其中【源】选项定义发光的起点位置为【居中】或【边缘】。设置【内发光】参数如图 5-27 所示，此时图像效果如图 5-28 所示。

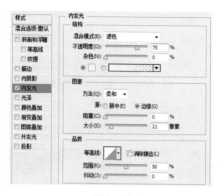

图 5-27

图 5-28

3. 斜面和浮雕

【斜面和浮雕】常用于制作立体效果，它主要是对图层添加高光、阴影等各种组合特效。设置【斜面和浮雕】参数如图 5-29 所示，此时图像效果如图 5-30 所示。

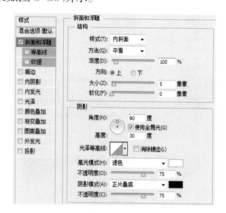

图 5-29

图 5-30

图 5-32

【斜面和浮雕】面板中常用参数含义如下。

● **结构**：定义斜面和浮雕的组成结构。其中【样式】指定斜面样式；【方法】定义斜面和浮雕的雕刻效果；【深度】定义雕刻的强度；【方向】定义突出图层或图层下陷；【软化】用于模糊雕刻的强度，产生柔和效果。

● **阴影**：定义浮雕的阴影角度、高度，以及高光和阴影的效果。【光泽等高线】为浮雕创建有光泽度的金属外观，为斜面和浮雕添加阴影后应用。

● 斜面和浮雕的【等高线】复选框可以对斜面区域应用等高线，【纹理】复选框为斜面和浮雕应用纹理。

4. 描边

【描边】样式是使用颜色、渐变或图案在当前图层上绘制对象的轮廓。设置【描边】参数如图 5-31 所示，此时图像效果如图 5-32 所示。

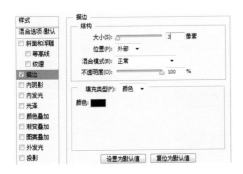

图 5-31

【描边】面板中常用参数含义如下。

● **大小**：控制描边的宽度，以像素为单位。

● **位置**：定义描边处于图层对象的位置，包括【外部】【内部】和【居中】。

● **填充类型**：定义描边的内容为图案或渐变，当设置【填充类型】为【渐变】或【图案】时，面板中显示渐变或图案的扩展选项。

如何删除与隐藏图层样式

下面分别介绍删除与隐藏图层样式的方法。

1. 删除图层样式

当对创建的样式效果不满意时，可以在图层面板中删除图层样式，删除图层样式的方法有以下两种。

方法 1：选中需要删除图层样式的图层并右击，在弹出的快捷菜单中选择【清除图层样式】命令。

方法 2：直接拖曳图层后的图标 fx 到图层面板右下角的【删除图层】按钮 🗑 上。

2. 隐藏图层样式

在图层面板中，效果前面的【切换图层效果可见性】图标 👁 用于控制效果的可见性。如果要隐藏一个效果，可单击该名称前的【切换单一图层效果可见性】图标 👁；如果要隐藏一个图层中所有的效果，可单击该图层【效果】前的【切换所有图层效果可见性】图标 👁。

5.2 "路径"在网店装修中的应用

使用钢笔工具和矩形工具组中的工具可以绘制直线、曲线、矩形、椭圆等路径，对于美工来说，最常用的是使用钢笔工具抠图。本节介绍路径面板的使用及钢笔工具、矩形工具组等绘制路径的工具的使用。

5.2.1 路径的组成

路径可以是闭合的，也可以是开放的。路径由锚点、路径线段和方向线组成，如图 5-33 所示。路径是不可打印的，用锚点标记路径的端点，通过锚点可以固定路径、移动路径、修改路径长短，也可改变路径的形状。

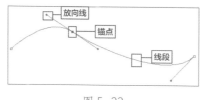

图 5-33

1. 锚点

锚点又称为节点。在绘制路径时，线段与线段之间由一个锚点连接，锚点本身具有直线或曲线属性。当锚点显示为白色空心时，表示该锚点未被选取；而当锚点为黑色实心时，表示该锚点为当前选取的点。

2. 线段

两个锚点之间连接的部分就称为线段。如果线段两端的锚点都带有直线属性，则该线段为直线；如果任意一端的锚点带有曲线属性，则该线段为曲线。当改变锚点的属性时，通过该锚点的线段也会被影响。

3. 方向线

当用直接选择工具或转换节点工具选取带有曲线属性的锚点时，锚点的两侧便会出现方向线。用鼠标拖曳方向线末端的方向点，即可以改变曲线段的弯曲程度。

5.2.2 认识路径面板

执行【窗口】→【路径】命令，可打开路径面板，如图 5-34 所示。通过路径面板可以查看当前路径的形态。

图 5-34

❶ 工作路径	显示了当前文件中包含的路径、临时路径和矢量蒙版
❷ 将路径作为选区载入	可以将创建的路径作为选区载入

❸ 用画笔描边路径	可以按当前选择的绘画工具和前景色沿路径进行描边
❹ 用前景色填充路径	可以用当前设置的前景色填充被路径包围的区域
❺ 从选区生成工作路径	可以将当前创建的选区生成为工作路径
❻ 添加图层蒙版	可以以当前路径为选区，创建图层蒙版
❼ 创建新路径	可以创建一个新路径层
❽ 删除当前路径	可以删除当前选择的工作路径

5.2.3　使用钢笔工具抠图

钢笔工具是一种路径绘制工具，常用来抠取宝贝，本节将介绍钢笔工具绘制路径的方法。

1. 钢笔工具选项栏

选择工具箱中的【钢笔工具】 ，其选项栏如图 5-35 所示。

图 5-35

❶ 绘制方式	该选项包括 3 个选项，分别为【形状】【路径】【像素】。选择【形状】选项，可以创建一个形状图层；选择【路径】选项，绘制的路径则会保存在路径面板中；选择【像素】选项，则会在图层中为绘制的形状填充前景色
❷ 建立	包括【选区】【蒙版】和【形状】3 个选项，单击相应的按钮，可以将路径转换为相应的对象
❸ 路径操作	单击【路径操作】按钮，将打开下拉列表，选择【合并形状】选项，新绘制的图形会添加到现有的图形中；选择【减去图层形状】选项，可从现有的图形中减去新绘制的图形；选择【与形状区域相交】选项，得到的图形为新图形与现有图形的交叉区域；选择【排除重叠区域】选项，得到的图形为合并路径中排除重叠的区域
❹ 路径对齐方式	可以选择多个路径的对齐方式，包括【左边】【水平居中】【右边】等
❺ 路径排列方式	选择路径的排列方式，包括【将路径置为顶层】【将形状前移一层】等
❻ 橡皮带	单击【橡皮带】按钮，可以打开下拉列表，选择【橡皮带】选项，在绘制路径时，可以显示路径外延
❼ 自动添加 / 删除	选中该复选框，钢笔工具就具有了智能增加和删除锚点的功能。将钢笔工具放在选取的路径上，鼠标指针即可变成 形状，表示可以增加锚点；而将钢笔工具放在选中的锚点上，鼠标指针即可变成 形状，表示可以删除锚点

2. 绘制直线路径

使用钢笔工具可以绘制直线路径，根据路径节点依次单击即可。

选择工具箱中的【钢笔工具】 ，在图像窗口中单击，确定路径的起始点，如图 5-36 所示。在下一目标处单击，即可在这两点间创建一条直线段，如图 5-37 所示。

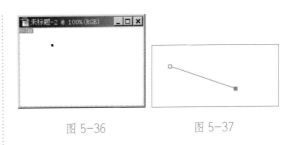

图 5-36　　　　　　图 5-37

在单击确定路径的锚点位置时，若同时按住

【Shift】键，线段会以 45° 的倍数移动方向。通过相同操作依次确定路径的相关节点。将鼠标指针放置在路径的起始点上，当指针变成 ⬦。形状时，单击即可创建一条闭合的直线路径。

3. 绘制曲线路径

选择工具箱中的【钢笔工具】✐，在单击确定路径锚点时可以按住鼠标左键拖出锚点，这样，两个锚点间的线段为曲线线段，具体操作步骤如下。

Step01 使用钢笔工具在确定的起始位置按住鼠标不放，当第二个锚点出现时，沿曲线绘制的方向拖动。此时，指针会变为一个三角形，并导出两个方向点中的一个，如图 5-38 所示。

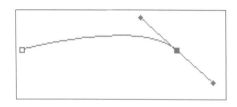

图 5-38

Step02 若要创建曲线的下一个平滑线段，将指针放在下个线段结束的位置，然后拖动鼠标创建下一个曲线，如图 5-39 所示；若要结束开放路径，选择工具箱中的【钢笔工具】✐ 即可。此时，若再次在图像中单击，将会另外创建路径。

图 5-39

Step03 如果要绘制闭合的路径，可以将鼠标指针移动到第一个锚点处，即路径的起始点，使鼠标指针形状由 ⬦ 变成 ⬦。。单击即可建立封闭的路径，得到一个封闭路径的造型。

使用钢笔工具绘制图形有什么技巧

在使用钢笔工具绘制的过程中按住【Ctrl】键，当光标变成 ▸ 形状时拖动方向点，或者选择工具箱中的【直接选择工具】▸ 来拖动方向点，即可改变方向线的长短。如果对绘制的路径不满意，可以在绘制结束后使用直接选择工具和转换点工具进行调整。

5.2.4 形状的创建

形状工具可以绘制一些特殊的形状路径，工具组中包括矩形工具、圆角矩形工具、椭圆工具、多边形工具、直线工具和自定形状工具。将鼠标指针放到【矩形工具】按钮▢上，按住鼠标左键不放，弹出组内的其他工具，如图 5-40 所示。

图 5-40

本节以矩形工具为例介绍形状工具的使用，其他工具的使用方法与矩形工具相似，不再一一介绍。选择工具箱中的【矩形工具】▢，其选项栏如图 5-41 所示。将鼠标指针移至图像中适当的位置，按下鼠标左键，通过拖移的方式即可创建一个矩形。

图 5-41

在矩形工具组的选项栏中有【路径】【像素】【形状】3 种类型，下面分别进行介绍。

1. 【路径】

在选项栏中选择【路径】选项，按住鼠标左键不放拖动绘制矩形路径，如图 5-42 所示。图层面板无变化，如图 5-43 所示，在路径面板自动生成工作路径，如图 5-44 所示。

图 5-42　　　　　　　　　　图 5-43　　　　　　　　　　图 5-44

2. 【像素】

在选项栏中选择【像素】选项，如图 5-45 所示，按住鼠标左键不放拖动绘制矩形，如图 5-46 所示，矩形颜色为前景色。绘制的矩形在图层面板的【背景】图层上，如图 5-47 所示，在路径面板无工作路径，如图 5-48 所示。

图 5-45

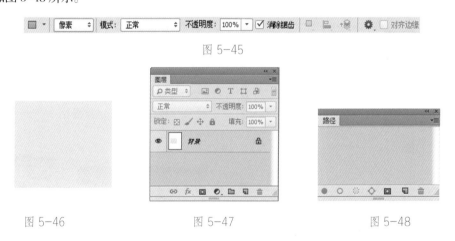

图 5-46　　　　　　　　　　图 5-47　　　　　　　　　　图 5-48

3. 【形状】

在选项栏中选择【形状】选项，如图 5-49 所示，按住鼠标左键不放拖动绘制矩形，如图 5-50 所示，矩形颜色在选项栏中可设置。绘制的矩形在图层面板中自动生成一个新的图层，如图 5-51 所示，在路径面板自动生成工作路径，如图 5-52 所示。

图 5-49

图 5-50

图 5-51

图 5-52

单击选项栏中的按钮 描边: [/] 右下角的三角形按钮，在弹出的描边颜色面板中可以选择描边的颜色，如图 5-53 所示，在文本框 [3点 ▾] 中可以设置描边的大小，描边后的效果如图 5-54 所示。

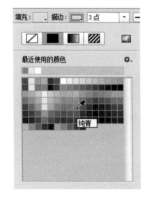

图 5-53

图 5-54

美工经验

使用钢笔工具精确抠取宝贝

图片的抠取是淘宝美工的日常工作，前面学习的可以抠图的工具有魔棒工具、磁性套索等选区类工具，抠图的边缘常常会有锯齿，精确度不高。使用钢笔工具抠取的宝贝，边缘平滑，是最常用的抠图工具。下面介绍使用钢笔工具抠图的方法。

Step01 按【Ctrl+O】组合键，打开"素材文件＼第 5 章＼包 .jpg"文件，如图 5-55 所示。

Step02 选择工具箱中的【钢笔工具】 ，选

择选项栏中的【路径】选项，沿包的边缘绘制如图 5-56 所示的路径。

图 5-55　　　　　　图 5-56

Step03 此时，在路径面板会自动生成工作路径，如图 5-57 所示。按【Ctrl+Enter】组合键，将路径转换为选区，如图 5-58 所示。

图 5-57　　　　　　图 5-58

Step04 按【Ctrl+J】组合键，复制选区内的包到新的图层，为了便于查看，单击【背景】图层前面的图标 ，将其隐藏，如图 5-59 所示。此时，可以看到抠取的包的效果，如图 5-60 所示。

图 5-59　　　　　图 5-60

5.3 使用"通道"抠取宝贝图片

通道是 Photoshop 中的难点，主要用于保存图像的颜色和选区信息，美工主要是使用通道抠取发丝零乱的模特、透明的纱等。

5.3.1 通道的类型

通道分为颜色通道、专色通道和 Alpha 通道，下面将分别介绍这 3 种通道。

1. 颜色通道

用于保存颜色信息的通道称为颜色通道。每个颜色通道都是一副灰度图像，只代表一种颜色的明暗变化。例如，RGB 颜色模式的图像，其通道为 RGB、红、绿、蓝 4 个，如图 5-61 所示。CMYK 颜色模式的图像，通道为 CMYK、青色、洋红、黄色、黑色 5 个，如图 5-62 所示。

图 5-61　　　　　图 5-62

Lab 颜色模式有 Lab、明度、a、b 四个通道，分别对应于 Lab 混合通道和明度通道、a 通道和 b

通道。灰度模式图像只有一个通道，用于存储图像的灰度信息；位图模式图像的通道只有一个黑白通道，用于存储黑白颜色信息。索引颜色模式通道只有一个通道，用于存储调色板的位置信息。

2. 专色通道

在印刷中，一些特殊的金色、银色也被称为专色。为了能在印刷品中正确表现出青色、洋红、黄色和黑色及其混合色之外的颜色，要专门调配一些特殊颜色，这时就需要创建专色通道来储存这些颜色。

每一个专色通道都有一个属于自己的印版，如果要印刷带有专色的图像，则需要创建存储此颜色的专色通道，专色通道会作为一张单独的胶片输出。

3. Alpha 通道

除了图像本身带有颜色通道外，用户可以通过创建 Alpha 通道来保存和编辑图像选区。Alpha 通道是一个 8 位的灰度通道，该通道用 256 级灰度来记录图像中的透明度信息，定义透明、不透明和半透明区域，其中黑表示全透明，白表示不透明，灰表示半透明。用白色涂抹 Alpha 通道可以扩大选区范围；用黑色涂抹 Alpha 通道则可以缩小选区；用灰色涂抹 Alpha 通道可以增加羽化范围。

5.3.2 认识通道面板

通道面板可以创建、保存和管理通道。当打开一个图像时，Photoshop 会自动创建该图像的颜色信息通道，执行【窗口】→【通道】命令，即可打开通道面板，如图 5-63 所示。

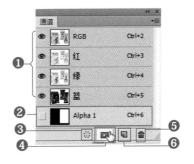

图 5-63

❶ 颜色通道	用于记录图像颜色信息的通道
❷ Alpha 通道	用于保存选区的通道
❸ 将通道作为选区载入	单击该按钮，可以载入所选通道内的选区
❹ 将选区存储为通道	单击该按钮，可以将图像中的选区保存在通道内
❺ 删除当前通道	单击该按钮，可删除当前选择的通道，但复合通道不能删除
❻ 创建新通道	单击该按钮，可创建 Alpha 通道

5.3.3　通道的基本操作

本节介绍创建 Alpha 通道、创建专色通道、复制和删除通道的方法，具体操作步骤如下。

1. 创建 Alpha 通道

创建 Alpha 通道时，需要先创建出所需的选区，再将其转换为 Alpha 通道存储。

按【Ctrl+O】组合键，打开"素材文件 \ 第 5 章 \ 通道素材 .jpg"文件。使用矩形选框工具创建选区，如图 5-64 所示。单击通道面板底部的【将选区存储为通道】按钮 ，创建【Alpha1】通道，如图 5-65 所示。

图 5-64

图 5-65

2. 创建专色通道

专色通道是一种特殊的通道，是可以保存专色信息的通道。专色是特殊的预混油墨，用于替换或补充印刷色（CMYK）油墨。为了使自己的印刷作品与众不同，往往会做一些特殊处理，如增加荧光油墨或夜光油墨、套版印刷制无色系等，这些特殊颜色的油墨无法用三原色油墨混合而成，这时需要专色通道与专色印刷。创建专色通道的具体操作步骤如下。

Step01　单击面板右上角的【面板选项】按

钮 ，在弹出的快捷菜单中选择【新建专色通道】命令，如图 5-66 所示。

图 5-66

Step02　打开【新建专色通道】对话框，在对话框中可以设置专色的颜色，如图 5-67 所示。单击【确定】按钮后在【通道】中生成专色通道，如图 5-68 所示。

图 5-67

图 5-68

3. 复制和删除通道

选中要复制的通道，按住鼠标左键不放将其拖动到【创建新通道】按钮 上，如图 5-69 所示。释放鼠标后即可复制通道，如图 5-70 所示。

图 5-69　　　　　图 5-70

在通道面板中选择需要删除的通道，单击【删除当前通道】按钮🗑，如图 5-71 所示，释放鼠标后即可删除该通道，如图 5-72 所示。

图 5-71　　　　　图 5-72

🎨 美工经验

使用通道快速抠取淘宝模特发丝

在 Photoshop 中除了钢笔工具、魔棒工具、磁性套索工具等抠图工具外，还可以使用通道抠图。通道常用来抠取发丝、纱等其他方法不能抠取的图片，如淘宝模特的发丝只能用通道抠取，下面介绍使用通道快速抠取发丝的方法，具体操作步骤如下。

Step01　按【Ctrl+O】组合键，打开"素材文件\第 5 章\淘宝模特 .jpg"文件，如图 5-73 所示。

Step02　选择发丝边缘与背景黑白对比度最大的通道进行复制。通过对比，此图像【蓝】通道对比度最大。打开通道面板，选中【蓝】通道，按住鼠标左键不放，将【蓝】通道拖动到【创建新通道】

按钮🗋上，得到【蓝 拷贝】通道，如图 5-74 所示。在通道面板中必须复制通道后再调黑白对比度。若直接在原通道上调整，会使整个图像色彩改变。

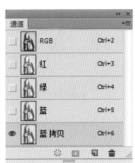

图 5-73　　　　　图 5-74

Step03　【蓝 拷贝】通道的图像如图 5-75 所示，按【Ctrl+I】组合键反相，让要抠取的头发为白色，因为后面载入选区时载入的是白色区域的图像，反相后如图 5-76 所示。

图 5-75　　　　　图 5-76

Step04　需要通过色阶的调整增加发丝与背景的黑白对比度，让头发更白，背景更黑。按【Ctrl+L】组合键，打开【色阶】对话框，❶ 拖动色块调整参数，❷ 单击【确定】按钮，如图 5-77 所示，图像黑白对比度增加，效果如图 5-78 所示。

Step05　按住【Ctrl】键的同时单击【蓝 副本】通道，将白色区域载入选区，如图 5-79 所示。切换到图层面板，按【Ctrl+J】组合键，复制选区内的图像到新的图层。为了便于查看，单击【背景】

图层前面的图标 👁，将其隐藏，如图 5-80 所示。

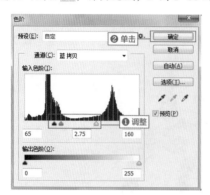

图 5-77

图 5-78　　　　　　　图 5-79

图 5-80

Step06 可以看到发丝被抠取，如图 5-81 所示。接下来使用钢笔工具抠取模特零乱的发丝以外的图像。单击【背景】图层前面的图标 □，将其显示，如图 5-82 所示。

图 5-81　　　　　　　图 5-82

Step07 接下来在图像中沿着模特勾图，注意要避开发丝。选择工具箱中的【钢笔工具】 🖊，选择选项栏中的【路径】选项，绘制图 5-83 所示的路径。按【Ctrl+Enter】组合键，将路径转换为选区，如图 5-84 所示。

图 5-83　　　　　　　图 5-84

Step08 选中【背景】图层，按【Ctrl+J】组合键，复制选区内的图像到新的图层，生成图层2。为了便于查看，单击图层1前面的图标 👁，将其隐藏，如图 5-85 所示。

Step09 选中【背景】图层，单击图层面板下方的【创建新图层】按钮 🖬，在【背景】图层的上方新建一个图层3。在工具箱中设置前景色为任意色，按【Alt+Delete】组合键，填充前景色。此时便可查看到钢笔工具抠取的图像，如图 5-86 所示。

Step10 单击图层1前面的图标 □，将其显示，如图 5-87 所示。此时，可以看到模特被完整地抠取出来，如图 5-88 所示。

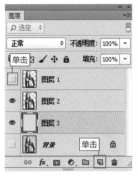

图 5-85　　　　　图 5-86

图 5-87　　　　　图 5-88

<table>
</table>

5.4　"蒙版"在网店装修中的应用

蒙版主要分为图层蒙版、快速蒙版、矢量蒙版、剪贴蒙版 4 种类型，应用这些蒙版可以制作各种特殊的特效合成效果。

5.4.1　蒙版的定义

蒙版是一种特殊的选区，但它的目的并不是对选区进行操作，而是要保护选区不被操作，不处于蒙版范围的位置则可以进行编辑与处理。蒙版相当于在图层上加上一个看不见的图层，它的作用就是显示和遮盖原来的图层，它使原图层的部分透明，但并没有删除掉，而是被蒙版给遮住了。可以直接用选区创建蒙版，也可以用画笔去涂抹。蒙版黑色的部分，对应位置的图像就要变成透明；蒙版白色的部分，对应位置的图像无变

化；蒙版灰色的部分，对应位置的图像就要根据它的程度变成半透明。

5.4.2　图层蒙版的使用

图层蒙版是用于控制图层中图像的显示或隐藏效果的功能。图层蒙版是灰度图像，使用黑色在蒙版图层上进行涂抹，涂抹的区域图像将被隐藏，显示下层图像的内容。使用白色在蒙版图像上涂抹，则会显示被隐藏的图像，遮住下层图像内容。

1. 创建图层蒙版

单击图层面板下方的【添加蒙版】按钮 ，如图 5-89 所示，添加的是白色蒙版，图像全部显示，如图 5-90 所示。

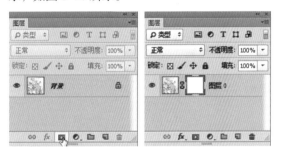

图 5-89　　　　　图 5-90

按住【Alt】键的同时单击【添加图层蒙版】按钮，添加的是黑色蒙版，如图 5-91 所示，图像全部隐藏。

图 5-91

2. 编辑图层蒙版

创建图层蒙版后，可以使用画笔工具、渐变工具对其进行编辑，还可以先创建选区，再添加

图层蒙版。

（1）利用绘图工具编辑图层蒙版。

使用画笔工具编辑图层蒙版是最常用的一种蒙版编辑方法。将画笔设置为黑色，在蒙版中涂抹后，被绘制的区域将被隐藏。将画笔设置为白色，在蒙版中涂抹后，被隐藏的区域将被显示。具体操作步骤如下。

Step01 按【Ctrl+O】组合键，打开任意一张素材。单击图层面板下方的【添加蒙版】按钮，添加图层蒙版，如图 5-92 所示。

图 5-92

Step02 选择工具箱中的【画笔工具】，设置前景色为黑色，在图像中涂抹，被涂抹的区域将被隐藏，如图 5-93 所示。图层面板中的显示如图 5-94 所示。

图 5-93 图 5-94

Step03 选择工具箱中的【画笔工具】，设

置前景色为白色，在图像中涂抹，被涂抹的区域将被显示，如图 5-95 所示。

图 5-95

（2）使用渐变工具编辑图层蒙版。

使用渐变工具可以制作渐隐的效果，使图像蒙版的编辑过渡非常自然，其原理同样是白色显示、黑色隐藏，其余颜色为半透明。具体操作步骤如下。

Step01 打开一张图片，单击图层面板下方的【添加蒙版】按钮，添加图层蒙版，如图 5-96 所示。

图 5-96

Step02 选择工具箱中的【渐变工具】，单击属性栏中的色块，打开【渐变编辑器】对话框，设置颜色为白色到黑色的渐变色，如图 5-97 所示，再在选项栏中单击【线性渐变】按钮。

图 5-97

Step03 从上向下垂直拖动鼠标指针，如图 5-98 所示，释放鼠标后效果如图 5-99 所示。

图 5-98

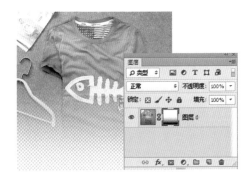

图 5-99

（3）利用选区工具编辑图层蒙版。

使用选区得到蒙版时需要先创建选区，再生成图层蒙版，其具体操作步骤如下。

Step01 打开一张图片，使用椭圆选框工具创建选区，如图 5-100 所示。

图 5-100

Step02 单击图层面板下方的【添加蒙版】按钮■，添加图层蒙版，如图 5-101 所示。此时，选区内的图像显示，选区外的图像被隐藏，如图 5-102 所示。

图 5-101　　　　图 5-102

3. 应用图层蒙版

添加了图层蒙版后，在图层蒙版缩览图上右击，在弹出的快捷菜单中选择【应用图层蒙版】命令，如图 5-103 所示，应用蒙版后图层变为普通图层，图像保留为应用蒙版后的效果，如图 5-104 所示。

图 5-103   图 5-104

4. 停用图层蒙版

对于已经通过蒙版进行编辑的图层，如果需要查看原图效果就可以通过【停用图层蒙版】命令暂时隐藏蒙版效果，停用图层蒙版的方法有以下几种。

方法 1：在图层面板中选择需要关闭的蒙版，并在该蒙版缩览图处右击，在弹出的快捷菜单中选择【停用图层蒙版】命令，如图 5-105 所示，此时面板中蒙版显示效果如图 5-106 所示。

图 5-105   图 5-106

方法 2：执行【图层】→【图层蒙版】→【停用】命令，停用图层蒙版。

方法 3：按住【Shift】键的同时，单击该蒙版的缩览图，可快速关闭该蒙版；若再次单击该缩览图，则显示蒙版。

技术看板

当不需要图层蒙版时，如何将其删除

当不需要图层蒙版时，可以将其删除，方法有以下两种。

方法 1：单击图层面板下方的【删除图层】按钮 。此时会弹出图 5-107 所示的提示框，单击【删除】按钮，即可删除蒙版。

图 5-107

方法 2：添加了图层蒙版后，在图层蒙版缩览图上右击，在弹出的快捷菜单中选择【删除图层蒙版】命令。

美工经验

其他 3 种蒙版的使用技法

图层蒙版是最常用的蒙版，除图层蒙版以外，还有剪贴蒙版、矢量蒙版、快速蒙版 3 种蒙版，在网店装修中也会用到，下面分别进行介绍。

1. 剪贴蒙版

剪贴蒙版图层包括两个或两个以上的图层，创建剪贴蒙版后，位于下面的图层称基底图层，位于基底图层之上的图层称剪贴层。剪贴蒙版中内容图层作用于基层基础上，根据基层的形状对内容图层产生约束，隐藏或显示内容图层图像。创建剪贴蒙版的具体操作步骤如下。

Step01 按【Ctrl+O】组合键，打开"素材文件＼第 5 章＼剪贴蒙版素材 .psd"文件，如图 5-108 所示，其图层面板如图 5-109 所示。

Step02 按住【Alt】键不放，将鼠标指针移动到两个图层之间单击，即可创建剪贴蒙版，图层面板如图 5-111 所示，剪贴蒙版效果如图 5-112 所示。

图 5-108　　　　　　图 5-109

图 5-110　　　　　　图 5-111

Step03　移动下方多边形的位置，此时在图层面板中可观察到多边形的位置，如图 5-112 所示，图层 0 的显示区域也随之改变，如图 5-113 所示。

图 5-112　　　　　　图 5-113

若不需要剪贴蒙版，选择基底图层上方的剪贴层，执行【图层】→【释放剪贴蒙版】命令，或者按【Alt+Ctrl+G】组合键，可以快速释放剪贴蒙版。

2. 矢量蒙版

矢量蒙版常被用于对矢量图形的修改，创建后图像的显示会随着路径的改变而改变。创建矢量蒙版的具体操作步骤如下。

Step01　按【Ctrl+O】组合键，打开"素材文件 \ 第 5 章 \ 饰品 .jpg"文件。使用自定形状工具绘制出一个要添加蒙版的路径，如图 5-114 所示。在图层面板上双击背景图层，将其解锁。执行【图层】→【矢量蒙版】→【当前路径】命令，即可创建矢量蒙版，如图 5-115 所示。【背景】图层一定要解锁，若不解锁命令是灰的，不能使用。

图 5-114　　　　　　图 5-115

Step02　单击图层面板中矢量蒙版缩览图，将其激活，如图 5-116 所示，选择工具箱中的【路径选择工具】，移动路径时，图像显示区域也会随之移动，如图 5-117 所示。

图 5-116　　　　　　图 5-117

3. 快速蒙版

快速蒙版主要用于对图像选区的创建、抠取图像，可以将任何选区作为蒙版进行编辑。创建快速蒙版的具体操作步骤如下。

Step01　按【Ctrl+O】组合键，打开"素材文件 \ 第 5 章 \ 特写衣裙 .jpg"文件。使用套索工具在图像中创建一个选区，如图 5-118 所示。单击工具箱底部的【以快速蒙版编辑】按钮或按

【Q】键，这时选区外部就会蒙上一层红色的透明蒙版，如图 5-119 所示。

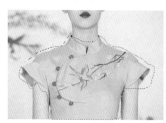

图 5-118

图 5-119

Step02 用画笔工具涂抹的区域则根据画笔涂抹的颜色（白色或黑色）进行选区的增加或减少。设

置前景色为黑色，涂抹后的效果如图 5-120 所示。

图 5-120

Step03 完成快速蒙版编辑后再次单击【以快速蒙版编辑】按钮 ▣ 或按【Q】键退出快速蒙版模式。此时，可以看到，选区的范围发生了变化，如图 5-121 所示。

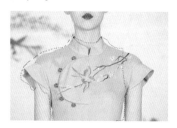

图 5-121

第 6 章
PS提高：网店设计与装修必学技能

本章导读

在前面的章节中学习了使用 Photoshop 进行网店装修的基本技能，本章将学习使用 Photoshop 调整宝贝图片的光影、色彩，使用批处理提高工作效率，以及使用 GIF 动图的制作与上传等技能，希望读者能学以致用。

知识要点

通过本章内容的学习，大家能够学会网店设计与装修必学的技能。学完后需要掌握的相关技能知识如下。

▲ 宝贝图片的光影、色彩调整命令

▲ 用"批处理"提高工作效率

▲ GIF 动图的制作与上传

6.1 宝贝图片的光影、色彩调整命令

在拍摄照片时，由于天气、光线、拍摄技巧的影响，宝贝照片可能会过暗或过亮，这种情况就需要使用 Photoshop 调整宝贝图片的光影。同时，在完成宝贝详情页、推广图等的设计后，如果对背景、文字等的颜色不满意，就需要使用 Photoshop 进行色彩的调整。

6.1.1 【亮度/对比度】命令

使用【亮度/对比度】命令可以一次性地调整宝贝图片中所有像素的亮度和对比度，具体操作步骤如下。

Step01 按【Ctrl+O】组合键，打开"素材文件\第 6 章\护肤品 .jpg"文件，如图 6-1 所示。可以看到，图中宝贝光线过暗。执行【图像】→【调整】→【亮度/对比度】命令，打开【亮度/对比度】对话框，❶ 设置参数值，如图 6-2 所示，❷ 单击【确定】按钮。

图 6-1

图 6-2

Step02 增加了"亮度/对比度"后的宝贝更加透亮，效果如图 6-3 所示。

图 6-3

对话框中常用参数含义如下。

● **亮度：** 当输入数值为负时，将降低图像的亮度；当输入的数值为正时，将增加图像的亮度；当输入的数值为 0 时，图像无变化。

● **对比度：** 当输入数值为负时，将降低图像的对比度；当输入的数值为正时，将增加图像的对比度；当输入的数值为 0 时，图像无变化。

6.1.2 【色阶】命令

色阶表示一幅图像的高光、暗调和中间调的分布情况，使用色阶命令可以对其进行调整，当一幅图像的明暗效果过黑或过白时，可以使用【色阶】命令来调整整个图像中各个通道的明暗程度。具体操作步骤如下。

Step01 按【Ctrl+O】组合键，打开"素材文件\第 6 章\裙 .jpg"文件，如图 6-4 所示。执行【图像】→【调整】→【色阶】命令，打开【色阶】对话框，❶ 设置参数值，如图 6-5 所示，❷ 单击【确定】按钮。

Step02 此时，曝光过度的裙子颜色恢复正常，效果如图 6-6 所示。

图 6-4

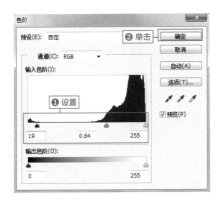

图 6-5

图 6-6

对话框中常用参数含义如下。

● 预设：在【预设】下拉列表中选择【存储】命令，可以将当前的调整参数保存为一个预设文件。

● 通道：选择需要调整的颜色通道。

● 输入色阶：用于调整图像的阴影、中间调和高光区域。可拖动滑块或在滑块下面的数值框中输入数值进行调整。

● 输出色阶：可以限制图像的亮度范围，从而降低对比度，使图像呈现褪色效果。

● 自动：单击该按钮，可应用自动颜色校正，Photoshop 会以 0.5% 的比例自动调整图像色阶，使图像的亮度分布更加均匀。

● 选项：单击该选项，可以打开【自动颜色校正选项】对话框，在对话框中可以设置黑色像素和白色像素的比例。

● 设置白场：使用该工具在图像中单击，可以将单击点的像素调整为白色，比该点亮度值高的像素也都会变为白色。

● 设置灰点：使用该工具在图像中单击，可根据单击点像素的亮度来调整其他中间色调的平均亮度。通常使用它来校正色偏。

● 设置黑场：使用该工具在图像中单击，可以将单击点的像素调整为黑色，原图中比该点暗的像素也变为黑色。

6.1.3　【曲线】命令

利用 Photoshop 中强大的【曲线】命令，可对图像的明暗对比度进行精细调节，不仅能对图像暗调、中间调和高光进行调节，还可以对图像中任一灰阶值进行调节。图像为 CMYK 模式，调整曲线向上弯曲时，色调变暗；调整曲线向下弯曲时，色调变亮。具体操作步骤如下。

Step01 按【Ctrl+O】组合键，打开"素材文件 \ 第 6 章 \ 包 .jpg"文件，如图 6-7 所示。执行【图像】→【调整】→【曲线】命令或按【Ctrl+M】组合键，打开【曲线】对话框，❶ 在曲线中部单击增加新的控制点，并向左上方拖动控制点，❷ 单击【确定】按钮，如图 6-8 所示。

图 6-7

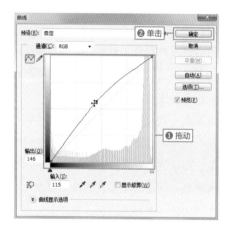

图 6-8

Step02 使用曲线命令调整图像后，宝贝变得更加明亮，效果如图 6-9 所示。

图 6-9

对话框中常用参数含义如下。

● **通道**：在下拉列表中可以选择要调整的通道。调整通道会改变图像的颜色。

● **通过添加点来调整曲线**：该按钮为按下状态，此时在曲线中单击可添加新的控制点，拖动控制点改变曲线形状，即可调整图像。

● **使用铅笔绘制曲线**：按下该按钮后，可绘制手绘效果的自由曲线。

● **输出输入**：【输入色阶】显示了调整前的像素值，【输出色阶】显示了调整后的像素值。

● **图像调整工具**：选择该工具后，将鼠标指针放在图像上，曲线上会出现一个圆形图形，它代表了鼠标指针处的色调在曲线上的位置，在画面中单击并拖动鼠标可添加控制点并调整相应的色调。

● **平滑**：使用铅笔绘制曲线后，单击该工具，可以对曲线进行平滑处理。

● **自动**：单击该按钮，可对图像应用【自动颜色】【自动对比度】或【自动色调】校正。具体的校正内容取决于【自动颜色校正选项】对话框中的设置。

● **选项**：单击该按钮，可以打开【自动颜色校正选项】对话框。可指定阴影和高光剪切百分比，并为阴影、中间调和高光指定颜色值。

6.1.4 【色相 / 饱和度】命令

【色相 / 饱和度】命令可以调整图像中单个颜色成分的色相、饱和度和亮度，这也是色彩的三要素，还可以通过给像素指定新的色相和饱和度，给灰度图像添加颜色。具体操作步骤如下。

Step01 按【Ctrl+O】组合键，打开"素材文件 \ 第 6 章 \ 首焦图 .jpg"文件，如图 6-10 所示。执行【图像】→【调整】→【色相 / 饱和度】命令，打开【色相 / 饱和度】对话框，在【预设】栏下拉列表框中可以选择对全图进行调整，也可以选择调整图中单独的一种颜色，如选择【青色】，如图 6-11 所示。

图 6-10

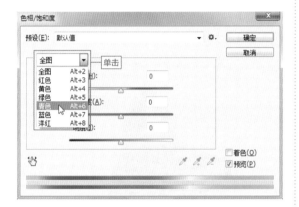

图 6-11

Step02 ❶ 在对话框中拖动滑块调整色相、饱和度与明度，如图 6-12 所示，❷ 单击【确定】按钮，可以看到图中只有青色发生了变化，如图 6-13 所示。

图 6-12

图 6-13

对话框中常用参数含义如下。

● **色相**：拖动【色相】滑动杆上的滑块，或者在【色相】数值框中输入数值可以更改所选颜色范围的色相，色相的调节范围为 –180~+180。

● **饱和度**：将【饱和度】滑动杆上的滑块向右拖动，可以增强所选颜色范围的饱和度；向左拖动，则可以降低所选颜色范围的饱和度，饱和度的取值范围为 –100~+100。

● **明度**：将【明度】滑动杆上的滑块向右拖动，可以提高所选颜色范围的亮度；向左拖动，则可以降低所选颜色范围的亮度。

6.1.5　【色彩平衡】命令

【色彩平衡】命令可以分别调整图像的暗调、中间调和高光区的色彩组成，并使色彩混合达到平衡。具体操作步骤如下。

Step01 按【Ctrl+O】组合键，打开"素材文件＼第 6 章＼推广图 .jpg"文件。下面来改变图中红色的文字与色块。选择工具箱中的【矩形选框工具】，单击其选项栏中的【添加到选区】按钮，在要修改颜色的部分绘制选区，如图 6-14 所示。

Step02 执行【图像】→【调整】→【色彩平衡】命令，打开【色彩平衡】对话框，选择要进行色彩平衡调整的范围，如选中【高光】单选按钮，❶ 设置参数值，如图 6-15 所示，❷ 单击【确定】按钮。

图 6-14

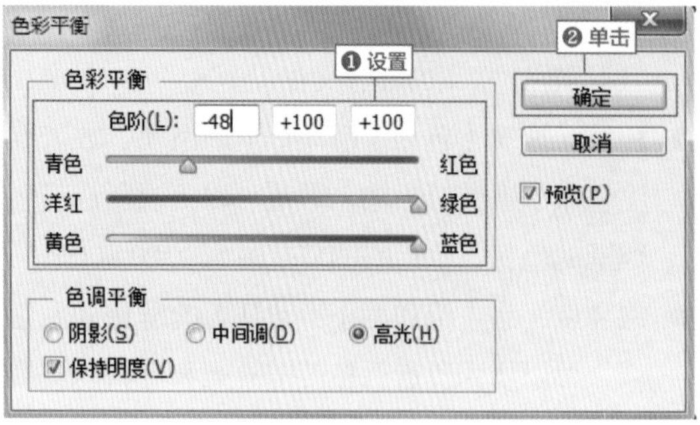

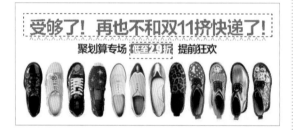

图 6-15

Step03 可以看到，只有选区内的颜色发生了变化，如图 6-16 所示。按【Ctrl+D】组合键取消选区即可。

图 6-16

对话框中常用参数含义如下。

● **色彩平衡**：分别用来显示 3 个滑块的滑块值，也可直接在色阶数值框中输入相应的值来调整颜色均衡。

● **色调平衡**：包括"阴影""中间调""高光" 3 个单选按钮，选中某一单选按钮，就会对相应色调的像素进行调整。选中"保持明度"复选框，在调整图像色彩时使图像明度保持不变。

6.1.6 【黑白】命令

【黑白】命令可以将彩色图像转换为灰度图像，它可以粗细控制黑色图像的色调深浅。如果卖家的宝贝是复古风，在详情页中可以展现一两张黑白的宝贝图片。其具体操作步骤如下。

Step01 按【Ctrl+O】组合键，打开"素材文件 \ 第 6 章 \ 复古图 .jpg"文件，如图 6-17 所示。执行【图像】→【调整】→【黑白】命令，打开【黑白】对话框，默认的参数值如图 6-18 所示，单击【确定】按钮，效果如图 6-19 所示。

图 6-17

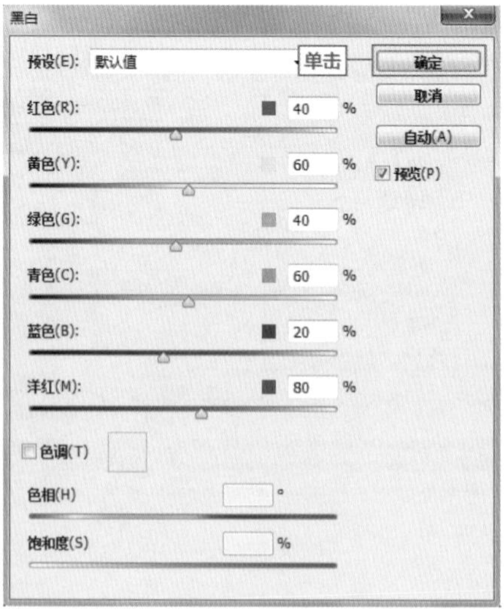

图 6-18

图 6-19

图 6-21

Step02 此命令除了将图片调整为黑白外，还可以制作单色色调。❶选中【色调】复选框，❷拖动滑块调整色相与饱和度，如图 6-20 所示。❸单击【确定】按钮，即可看到图片的单色调效果，如图 6-21 所示。

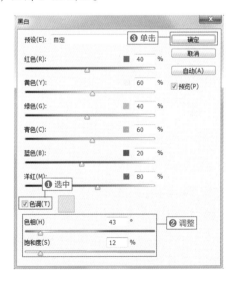

图 6-20

6.1.7　【可选颜色】命令

　　【可选颜色】命令可以更改图像中主要原色成分的颜色浓度，也可以有选择性地修改某一种特定的颜色，而不影响其他色相。具体操作步骤如下。

Step01 按【Ctrl+O】组合键，打开"素材文件 \ 第 6 章 \ 背景 .jpg"文件，如图 6-22 所示。执行【图像】→【调整】→【可选颜色】命令，打开【可选颜色】对话框，❶选择图中要调整的颜色，如选择【黄色】，❷设置参数值，如图 6-23 所示，❸单击【确定】按钮。

图 6-22

图 6-23

Step02 此时可以看到，即使没有选区的限制，图中也只有黄色区域的颜色发生了变化，如图 6-24 所示。

图 6-24

对话框中常用参数含义如下。

● **颜色**：设置要调整的颜色，包括"红色""黄色""绿色""青色""蓝色""白色""洋红""中性色""黑色"等颜色选项。

● **方法**：选择增减颜色模式。选中【相对】单选按钮，按 CMYK 总量的百分比来调整颜色；选中【绝对】单选按钮，按 CMYK 总量的绝对值来调整颜色。

6.1.8 【替换颜色】命令

【替换颜色】命令用于替换图像中某个特定范围的颜色，可以调整该颜色的色相、饱和度和明度值。具体操作步骤如下。

Step01 按【Ctrl+O】组合键，打开"素材文件\第 6 章\推广图 2.jpg"文件，如图 6-25 所

示。执行【图像】→【调整】→【替换颜色】命令，打开【替换颜色】对话框，用吸管工具在图像中单击需要替换的颜色，得到所要进行修改的区域，显示为白色，如图 6-26 所示。

图 6-25

图 6-26

Step02 ❶拖动【颜色容差】滑块调整颜色范围值，❷拖动【色相】和【饱和度】滑块，直到得到需要的颜色，如图 6-27 所示，❸单击【确定】按钮，得到如图 6-28 所示的效果。

图 6-27

图 6-28

使用【调整图层】快速调色

在 Photoshop 中既可以执行【图像】→【调整】下的命令调整图像，也可以在图层面板中单击【创建新的填充或调整图层】按钮，在打开的快捷菜单中选择相应的调整命令。那么，调整图层与调整命令有什么区别呢？其区别如下。

（1）使用调整图层编辑图像，生成新的图层，不会对原图像造成破坏。而使用【调整】命令原图会被覆盖。

（2）在图层面板中单击【创建新的填充或调

整图层】按钮选择调整命令，可以在【属性】面板中随时对调整图层进行修改。而使用【调整】命令不能再查看到当时设置的参数，不便于调整。图 6-29 所示为使用图层面板中【创建新的填充或调整图层】按钮调整图像的面板效果。双击图层缩览图，在【属性】面板中可以查看到对应的调整命令的参数值，如图 6-30 所示，还可以再次调整参数值。

图 6-29

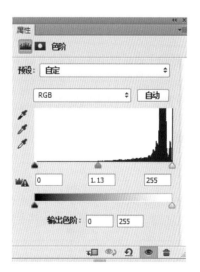

图 6-30

6.2　用【批处理】提高工作效率

【批处理】命令可以通过动作对某个文件夹

中的所有图像文件应用动作，并且可以将处理结果存储到另一文件夹中，以实现自动批量处理图像的目的。例如，如果通过数码相机得到许多需要同样处理的宝贝图片，这时就可以用批处理一次完成。执行【文件】→【自动】→【批处理】命令，可打开【批处理】对话框，如图 6-31 所示。

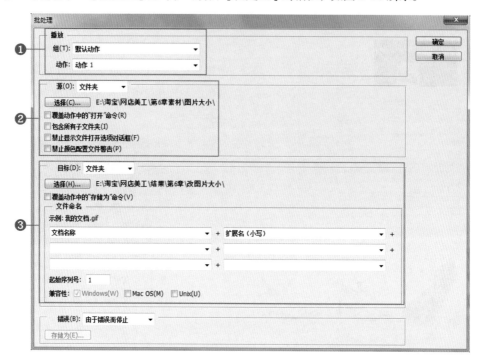

图 6-31

【批处理】对话框中各参数含义如下。

❶ 播放的动作	在进行批处理前，首先要选择应用的【动作】。分别在【组】和【动作】两个选项的下拉列表中进行选择
❷ 批处理源文件	在【源】选项组中可以设置文件的来源为【文件夹】【导入】【打开的文件】或是从 Bridge 中浏览的图像文件。如果设置的源图像的位置为文件夹，则可以选择批处理的文件所在文件夹位置
❸ 批处理目标文件	在【目标】选项的下拉列表中包含【无】【存储并关闭】和【文件夹】3 个选项。选择【无】选项，对处理后的图像文件不做任何操作；选择【存储并关闭】选项，将文件存储在它们当前位置，并覆盖原来的文件；选择【文件夹】选项，将处理过的文件存储到另一位置。在【文件命名】选项组中可以设置存储文件的名称

6.2.1　用【批处理】给多张图片快速加水印

使用批处理命令处理图像，首先要在【动作】面板中设置动作，然后再通过【批处理】对话框对【源】文件夹中的所有宝贝图片重复执行同一动作，并自动将新生成的宝贝图片保存在【目标】文件夹中。本例将介绍利用【动作】面板和【批处理】快速给多张图片添加水印的方法。

Step01　按【Ctrl+O】组合键，打开"素材文件 \ 第 6 章 \ 水印 \1.jpg"文件，如图 6-32 所示。

图 6-32

Step02　❶ 在【动作】面板下方单击【创建新动作】按钮 ⬛，如图 6-33 所示。打开【新建动作】对话框，❷ 单击【记录】按钮，如图 6-34 所示。

图 6-33

图 6-34

Step03　下面使用文字工具制作水印。选择工具箱中【横排文字工具】 T，设置前景色为白色，

字体为【造字工房力黑】。单击图像，在出现的文本框中输入文字，如图 6-35 所示。在图层面板中将【不透明度】设置为【30%】，如图 6-36 所示。

图 6-35

图 6-36

Step04　设置透明度后的图像效果如图 6-37 所示。在【动作】面板下方单击【停止播放 / 记录】按钮 ⬛，停止动作的记录，如图 6-38 所示。

图 6-37

图 6-38

Photoshop 中的【动作】面板有什么作用

在处理文件时，常常会遇到许多繁杂的、重复的工作，使用【动作】面板可以将这些工作化繁为简，提高工作效率。【动作】面板可以将执行的一整套动作记录下来，再进行播放，即可自动重复所记录的一系列操作。

Step05 执行【文件】→【自动】→【批处理】命令，打开【批处理】对话框。动作默认为刚才的动作 1，❶单击【源】区域中的【选择】按钮，如图 6-39 所示。❷在打开的【浏览文件夹】对话框中选择【水印】文件夹，此文件夹为要添加水印的宝贝图片，❸单击【确定】按钮，如图 6-40 所示。

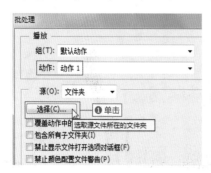

图 6-39

图 6-40

Step06 此时可以看到文件夹的路径出现在【批处理】对话框中。❶单击【目标】下拉按钮，❷在弹出的下拉列表框中选择【文件夹】选项，如图 6-41 所示。❸单击【目标】区域中的【选择】按钮，如图 6-42 所示。

图 6-41

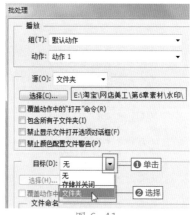

图 6-42

Step07　新建一个空文件夹并命名为【添加水印】。❶ 在打开的【浏览文件夹】对话框中选择【添加水印】文件夹，❷ 单击【确定】按钮，如图 6-43 所示。

Step08　❶ 单击【批处理】对话框中的【确定】按钮，如图 6-44 所示，弹出【另存为】对话框，❷ 将【保存类型】设置为【JPEG】，❸ 单击【保存】按钮，如图 6-45 所示，即可将添加水印后的图片保存在【添加水印】文件夹中。

图 6-43

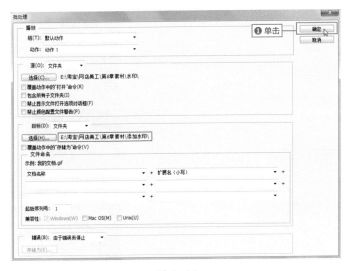

图 6-44

图 6-45

技术看板

为什么每张自动处理后的图片保存前打开的【另存为】对话框中的【保存类型】都为 PSD 格式

　　每张自动处理后的图片保存前打开的【另存为】对话框中的【保存类型】都为 PSD 格式，这是因为动作 1 添加水印的文件有两个图层。每张图片保存前都需要手动选择【保存类型】为【JPEG】。如果觉得麻烦，可以在执行动作 1 操作时最后再加一步，按【Ctrl+E】组合键合并图层即可。

Step09 在打开的【JPEG 选项】对话框中单击
【确定】按钮即可保存图片，如图 6-46 所示。然
后又继续自动打开【另存为】对话框，如图 6-47
所示。重复刚才的操作即可保存第二张已添加了
水印的图片。

图 6-46

图 6-47

Step10 此时可以看到，【水印】文件夹中的
每张图片都自动添加了水印，且自动保存在了【添
加水印】文件夹中，如图 6-48 所示。

Step11 双击图片将其打开，即可看到其添加
水印后的效果，如图 6-49 所示。

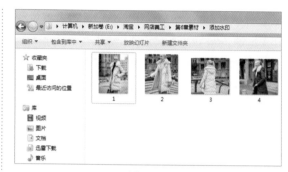

图 6-48

图 6-49

6.2.2　用【批处理】快速修改图片大小

　　本例将介绍利用【动作】面板和【批处理】将一系列宝贝图片的宽度统一修改为 750 像素的方法，以节省大量工作时间。其方法与上一案例相似。

`Step01` 按【Ctrl+O】组合键，打开"素材文件 \ 第 6 章 \ 图片大小 \1.jpg"文件，如图 6-50 所示。在【动作】面板下方单击【创建新动作】按钮 ，如图 6-51 所示。

图 6-50

图 6-51

`Step02` 打开【新建动作】对话框，❶单击【记录】按钮，如图 6-52 所示。❷在打开的【图像大小】对话框中将【宽度】设置为【750】像素，❸单击【确定】按钮，如图 6-53 所示。

`Step03` ❶在【动作】面板下方单击【停止播放 / 记录】按钮 ，停止动作的记录，如图 6-54 所示。执行【文件】→【自动】→【批处理】命令，打开【批处理】对话框。动作默认为刚才的动作 2，❷单击【源】区域中的【选择】按钮，如图 6-55 所示。

图 6-52

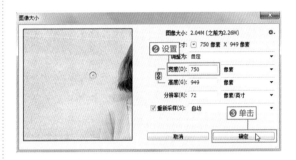

图 6-53

图 6-54

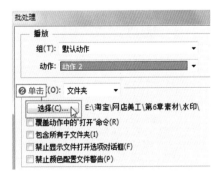

图 6-55

Step04 ❶在打开的【浏览文件夹】对话框中选择【图片大小】文件夹，❷单击【确定】按钮，如图 6-56 所示。❸单击【目标】区域中的【选择】按钮，如图 6-57 所示。

Step05 新建一个空文件夹并命名为【改图片大小】。❶在打开的【浏览文件夹】对话框中选择【改图片大小】文件夹，❷单击【确定】按钮，如图 6-58 所示。❸单击【批处理】对话框中的【确定】按钮，如图 6-59 所示。

图 6-57

图 6-56

图 6-58

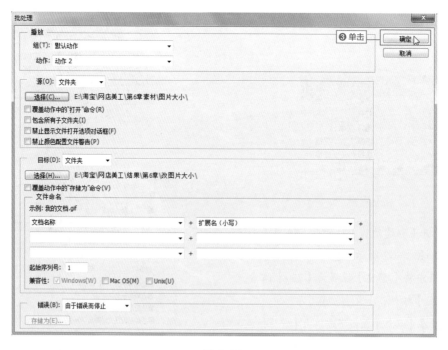

图 6-59

Step06　打开【JPEG 选项】对话框，单击【确定】按钮，如图 6-60 所示，重复此操作即可保存所有改大小后的图片。可以看到【改图片大小】文件夹中自动保存的改大小后的图片，如图 6-61 所示。

图 6-60

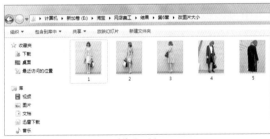

图 6-61

6.3　GIF 动图的制作与上传

在 Photoshop CC 中可以通过【时间轴】面板来创建动画。动画是在一段时间内显示的一系列图像或帧，当每一帧较前一帧都有轻微的变化时，连续、快速地显示这些帧就会产生运动或其他变化的视觉效果。执行【窗口】→【时间轴】命令，即可打开【时间轴】面板，如图 6-62 所示。

图 6-62

时间轴面板中各按钮含义如下。

❶ 当前帧	显示了当前选择的帧
❷ 帧延迟时间	设置帧在回放过程中的持续时间
❸ 转换为视频时间轴	单击该按钮，面板中会显示视频编辑选项
❹ 循环选项	设置动画在作为动画 GIF 文件导出时的播放次数
❺ 面板底部工具	单击按钮◀，可自动选择序列中的第一个帧作为当前帧；单击按钮◀，可选择当前帧的前一帧；单击按钮▶播放动画，再次单击停止播放；单击该按钮▶可选择当前帧的下一帧；单击按钮打开"过渡"对话框，可以在两个现有帧之间添加一系列帧，并让新帧之间的图层属性均匀变化；单击按钮可向面板中添加帧；单击按钮可删除选择的帧

6.3.1 制作 GIF 动态店招

店招高度虽然只有 150 像素，但它是店铺最"活跃"的导购。无论是通过搜索店铺进入首页，还是通过搜索商品进入商品详情页，第一时间映入顾客眼帘的便是店招。虽然店招占用位置不多，但它包含了店铺名、LOGO、店铺收藏、优惠券、主推款及导航栏等内容，其重要性不言而喻。在进行店招设计时，注意要让店招体现商品风格、色调、定位等信息，并且让产品拍摄背景与店铺整体风格色调保持一致。

与静态店招相比，动态店招加入了帧动画的播放，更能吸引客户的眼球，GIF 动态店招图片储存格式为 GIF。本例介绍在 Photoshop 中制作 GIF 动态店招的方法。

Step01 按【Ctrl+N】组合键，新建一个宽度为 950 像素、高度为 120 像素、分辨率为 72 像素 / 英寸、颜色模式为 RGB 的空白文件。设置前景色 RGB 值为【213、232、247】，按【Alt+Delete】组合键填充前景色，如图 6-63 所示。

图 6-63

Step02 按【Ctrl+O】组合键，打开"素材文件 \ 第 6 章 \ 鱼 .jpg"文件，如图 6-64 所示。

图 6-64

Step03 选择工具箱中【移动工具】，将素材拖到新建的文件中，自动生成图层 1，如图 6-65 所示。

图 6-65

Step04 在图层面板中设置图层 1 的图层混合模式为【变暗】，如图 6-66 所示，图像效果如图 6-67 所示。

图 6-66

图 6-67

Step05　单击图层面板下方的【添加蒙版】按钮 ⊡，选择工具箱中【渐变工具】▇，设置颜色为黑色到白色的渐变色，再在选项栏中单击【径向渐变】按钮 ◉。从中心向内拖动鼠标指针，如图 6-68 所示，释放鼠标后效果如图 6-69 所示。

图 6-68

图 6-69

Step06　按【Ctrl+O】组合键，打开"素材文件 \ 第 6 章 \ 标志 .psd"文件。选择工具箱中【移动工具】▶✛，将素材拖到新建的文件中，自动生成图层 2，如图 6-70 所示。

图 6-70

Step07　执行【窗口】→【时间轴】命令，打开【时间轴】面板，设置时间为 0.2 秒，如图 6-71 所示。

图 6-71

技术看板

打开【时间轴】面板后显示的面板不是"帧动画"，要怎样处理

　　【时间轴】面板有"视频时间轴"和"帧动画"两种形式。单击左下角的按钮可以在"视频时间轴"和"帧动画"之间切换，如图 6-72 所示。

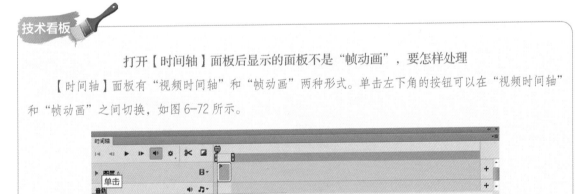

图 6-72

Step08 单击【时间轴】面板下方的【复制所选帧】按钮█，复制帧，如图 6-73 所示。

图 6-73

Step09 在图层面板中单击图层 2 前面的【指示图层可视性】图标👁，如图 6-74 所示，在图像文件中隐藏该图层中的图像，如图 6-75 所示。

图 6-74

图 6-75

Step10 单击【时间轴】面板右上角的按钮▼☰，❶ 在弹出的下拉菜单中选择【过渡】命令，如图 6-76 所示。打开【过渡】对话框，❷ 设置【要添加的帧数】为 10，❸ 单击【确定】按钮，如图 6-77所示。

图 6-76

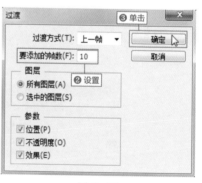

图 6-77

Step11 此时自动在第一帧和第二帧之间添加 10 帧，单击可查看每一帧的效果，如图 6-78 所示。

图 6-78

Step12 执行【文件】→【存储为 Web 所用格式】命令，打开【存储为 Web 所用格式】对话框，❶ 设置格式为【GIF】，❷ 将【循环选项】设置为【永远】，❸ 单击【存储】按钮，如图 6-79 所示。

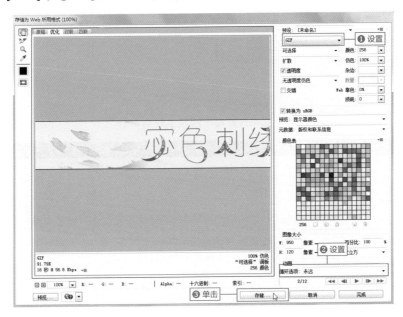

图 6-79

Step13 ❶ 打开【将优化结果存储为】对话框，选择好保存的路径后单击【保存】按钮，如图 6-80 所示；❷ 在弹出的警告框中单击【确定】按钮，即可保存 GIF 格式的动态店招，如图 6-81 所示。

图 6-80

图 6-81

6.3.2　将动态店招上传到店铺

制作好动态店招并保存为 GIF 格式后，便可将店招上传到网店。本例将介绍将动态店招上传到店铺的操作方法，具体操作步骤如下。

Step01 在卖家中心单击【店铺管理】选项卡下的【店铺装修】链接，如图 6-82 所示。

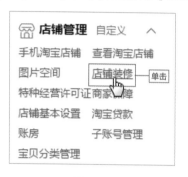

图 6-82

Step02 进入店铺装修页面，单击店招右上角的【编辑】按钮，如图 6-83 所示。

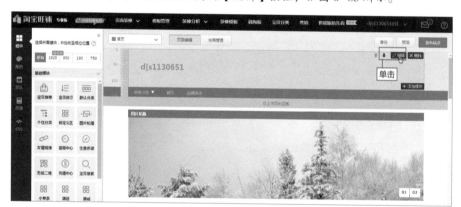

图 6-83

Step03 在打开的【店铺招牌】对话框中单击【上传新图片】按钮，如图 6-84 所示。

图 6-84

Step04 ❶ 单击【添加图片】按钮，如图 6-85 所示。❷ 在【打开】对话框中选择前面制作的 GIF 格式的店招，❸ 单击【打开】按钮，如图 6-86 所示。

图 6-85

图 6-86

Step05 此时可以在对话框中预览到打开的店招，单击【保存】按钮，如图 6-87 所示。

图 6-87

Step06 回到装修页面，可以看到已添加的动态店招，如图 6-88 所示，单击【发布站点】按钮即可将设计好的动态店铺上传到网店。

图 6-88

第 3 篇
宝贝图片优化篇

第 7 章
实战：宝贝图片瑕疵处理及美化

本章导读

相机拍摄的宝贝图片经常要经过处理后再上传到网店，这是美工的常规工作。本章将学习使用 Photoshop 对宝贝图片进行构图优化处理及画面优化处理的方法。希望读者学习后能学以致用，举一反三。

知识要点

通过本章内容的学习，大家能够学会宝贝图片瑕疵处理及美化的方法。学完后需要掌握的相关技能知识如下。

▲ 宝贝构图问题优化处理

▲ 宝贝画面问题优化及艺术处理

7.1 宝贝构图问题优化处理

相机拍摄的宝贝照片不能直接上传到店铺，需要先进行尺寸的处理，而且倾斜的照片还需要拉直，本节将介绍宝贝构图问题优化处理的方法。

7.1.1 使用裁剪修改宝贝图片尺寸

如果宝贝拍摄的背景范围太大，可以使用 Photoshop 中的裁剪工具裁剪。网店的详情页、主图、推广图等都有尺寸要求，如详情页大图常用宽度为 750 像素，高度则无要求。如果图片宽度过大，在网页中就不能完整显示。本例修改尺寸前后的对比效果如图 7-1 所示。

图 7-1

下面介绍在 Photoshop 中裁剪并修改详情页大图宽度的方法，主图、推广图修改尺寸的方法与此相同，具体操作步骤如下。

Step01 按【Ctrl+O】组合键，打开"素材文件 \ 第 7 章 \ 饰品 .jpg"文件，如图 7-2 所示。选择工具箱中【裁剪工具】 ，按住鼠标

左键不放拖动，裁剪出需要的区域，如图 7-3 所示。

图 7-2

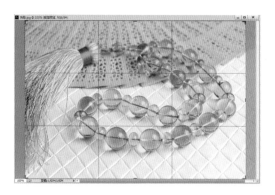

图 7-3

Step02 按【Enter】键确定，裁剪后的宝贝图片如图 7-4 所示。执行【图像】→【图像大小】命令，打开【图像大小】对话框，如图 7-5 所示。

图 7-4

图 7-5

Step03 ❶ 将【宽度】设置为【750】像素，高度随之改变，❷ 完成后单击【确定】按钮，如图7-6所示，即可将宝贝照片宽度改变为750像素。

图 7-6

如何快速处理多张宝贝图片的尺寸

　　详情页有大量的图片要处理尺寸，如果一张张地修改，对于网店美工来说工作量过大。使用【批处理】便可以一次性处理几十张，甚至几百张图片的尺寸，使其宽度相同。批处理的使用方法在第6章中已介绍，在此不再赘述。

7.1.2　快速纠正拍摄倾斜的宝贝照片

　　由于拍摄角度的问题，有时宝贝图片拍出来是倾斜的，这时可以使用 Photoshop 中的标尺工具快速将其拉直。其前后对比效果如图7-7所示。

图 7-7

　　具体操作步骤如下。

Step01 按【Ctrl+O】组合键，打开"素材文件 \ 第7章 \ 收纳盒 .jpg"文件，如图7-8所示。选择工具箱中的【标尺工具】，沿宝贝边缘与宝贝水平拖动一条直线，如图7-9所示。

图 7-8

图 7-9

图 7-12

(Step02) 单击选项栏中的【拉直图层】按钮，将宝贝拉直，如图 7-10 所示。选择工具箱中的【裁剪工具】 🔲，在宝贝中拖出如图 7-11 所示的选区。

图 7-12

7.2 宝贝画面问题优化及艺术处理

宝贝图片有时需要进行优化及艺术处理，如去除宝贝照片中多余的对象、宝贝图片的降噪优化处理、宝贝图片清晰度优化处理等，本节将介绍如何对宝贝画面问题进行优化及艺术处理。

7.2.1 去除宝贝照片中多余的对象

如果宝贝照片中有多余的对象，可以使用 Photoshop 中的污点修复画笔工具进行处理。其前后对比效果如图 7-13 所示。

图 7-10

图 7-13

具体操作步骤如下。

(Step01) 按【Ctrl+O】组合键，打开"素材文件\第 7 章\包 .jpg"文件，如图 7-14 所示。选择工具箱中的【污点修复画笔工具】 🖌️，将鼠标指针移动到要去除的物件中，按住鼠标左键不放并拖动，如图 7-15 所示。

图 7-11

(Step03) 按【Enter】键确定，裁剪后的宝贝图片如图 7-12 所示。

图 7-14　　　　　图 7-15

Step02　释放鼠标后，多余的物件被去除，如图 7-16 所示。

图 7-16

7.2.2　宝贝图片的降噪优化处理

如果宝贝照片中杂点过多，可以使用 Photoshop 中的【高斯模糊】滤镜进行处理。其前后对比效果如图 7-17 所示。

图 7-17

具体操作步骤如下。

Step01　按【Ctrl+O】组合键，打开"素材文件 \ 第 7 章 \ 面膜 .jpg"文件，按【Ctrl+J】组合键复制【背景】图层，自动得到一个新的图层 1，如图 7-18 所示。执行【滤镜】→【模糊】→【高斯模糊】命令，打开【高斯模糊】对话框，❶设置参数如图 7-19 所示，❷单击【确定】按钮。

图 7-18

图 7-19

`Step02` 宝贝图片降噪优化处理后的效果如图 7-20 所示。选择工具箱中的【橡皮擦工具】 ✐，在文字上拖动，显示下层的文字，最终效果如图 7-21 所示。

图 7-20

图 7-21

7.2.3 宝贝图片清晰度优化处理

如果宝贝照片有一些模糊，可以使用 Photoshop 中的【锐化】滤镜进行处理，但对太过模糊的图片不适用。其前后对比效果如图 7-22 所示。

图 7-22

具体操作步骤如下。

`Step01` 按【Ctrl+O】组合键，打开"素材文件＼第 7 章＼T 恤 .jpg"文件，如图 7-23 所示。

图 7-23

`Step02` 执行【滤镜】→【锐化】→【USM 锐化】命令，打开【USM 锐化】对话框，❶ 设置参数如图 7-24 所示，❷ 单击【确定】按钮，宝贝图片清晰度优化处理后的效果如图 7-25 所示。

图 7-24

图 7-25

7.2.4　女鞋模特美白处理

如果淘宝模特的皮肤不够白，需要使用 Photoshop 中的【色阶】命令、图层蒙版等对其进行处理。其前后对比效果如图 7-26 所示。

图 7-26

具体操作步骤如下。

Step01　按【Ctrl+O】组合键，打开"素材文件 \ 第 7 章 \ 美白模特 .jpg"文件。按住【Ctrl+J】组合键复制图像，生成图层 1。隐藏图层 1，选中【背景】图层，如图 7-27 所示。

图 7-27

Step02　执行【图像】→【调整】→【色阶】命令，打开【色阶】对话框，❶ 参数设置如图 7-28 所示，❷ 单击【确定】按钮。

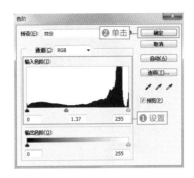

图 7-28

Step03　此时整张图片变亮，如图 7-29 所示。显示图层 1，单击图层面板下方的【添加蒙版】按钮■，为图层 1 添加蒙版，如图 7-30 所示。

图 7-29　　　　　图 7-30

Step04　选择工具箱中的【画笔工具】，在选项栏中选择画笔为柔边，设置前景色为黑色，在图片上拖动隐藏图层 1 中的皮肤，如图 7-31 所示，最终效果如图 7-32 所示。

图 7-31

图 7-32

7.2.5 模特人物身材处理

有时为了突出衣服的穿着效果，需要对模特的身材进行微处理，其前后对比效果如图7-33所示。

优化前　　　　　　优化后

图 7-33

具体操作步骤如下。

Step01 按【Ctrl+O】组合键，打开"素材文件\第7章\模特.jpg"文件，如图7-34所示。执行【滤镜】→【液化】命令，打开【液化】对话框，如图7-35所示。

图 7-34

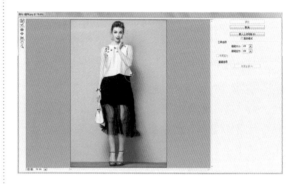

图 7-35

Step02 变换画笔大小，在模特腰部、手臂、腿等处向内拖动，给模特瘦身，如图7-36所示。单击【确定】按钮，效果如图7-37所示。

图 7-36

图 7-37

7.2.6   虚化背景突出宝贝

虚化背景可以突出宝贝，其前后对比效果如图 7-38 所示。

图 7-38

下面介绍在 Photoshop 中使用钢笔工具、【高斯模糊】滤镜、图层蒙版等虚化宝贝背景的方法，具体操作步骤如下。

Step01   按【Ctrl+O】组合键，打开"素材文件\第 7 章\女包模特 .jpg"文件，如图 7-39 所示。选择工具箱中的【钢笔工具】，选择选项栏中的【路径】选项，沿人物和凳子绘制路径，如图 7-40 所示。

图 7-39   图 7-40

Step02   按【Ctrl+Enter】组合键，将路径转换为选区，如图 7-41 所示。按【Ctrl+J】组合键复制选区内的图像，自动得到一个新的图层 1，如图 7-42 所示。

图 7-41   图 7-42

Step03   复制【背景】图层，生成【背景拷贝】图层，如图 7-43 所示。执行【滤镜】→【模糊】→【高斯模糊】命令，打开【高斯模糊】对话框，❶ 设置参数如图 7-44 所示，❷ 单击【确定】按钮。

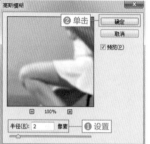

图 7-43　　　　　　图 7-44

Step04 模糊后的图像如图 7-45 所示。单击图层面板下方的【添加蒙版】按钮 ，为图层 1 添加蒙版，如图 7-46 所示。

图 7-48

7.2.7 更换宝贝图片的背景

为了让淘宝店铺中的宝贝展示效果更好，经常需要更换宝贝的背景。在 Photoshop 中常使用钢笔工具抠取宝贝替换其背景，本案更换宝贝图片背景前后对比效果如图 7-49 所示。

图 7-45　　　　　　图 7-46

Step05 选择工具箱中的【渐变工具】 ，设置颜色为白色到黑色的渐变色，模仿拍照的视角，在图 7-47 所示的位置从下斜向上拖动鼠标指针，得到如图 7-48 所示的效果。

图 7-47

图 7-49

具体操作步骤如下。

Step01 按【Ctrl+O】组合键，打开"素材文件 \ 第 7 章 \ 枕头 .jpg"文件，如图 7-50 所示。选择工具箱中的【钢笔工具】 ，选择选项栏中的【路径】选项，沿枕头绘制路径，如图 7-51 所示。

图 7-50

图 7-51

Step02 按【Ctrl+Enter】组合键，将路径转换为选区，如图 7-52 所示。按住【Ctrl+J】组合键复制选区内的图像，自动得到一个新的图层 1。在【背景】图层的上方新建图层 2，设置前景色 RGB 值为【88、179、235】，按【Alt+Delete】组合键填充前景色，如图 7-53 所示。

图 7-52

图 7-53

Step03 保持图层的选中状态，执行【图层】→【图层样式】→【投影】命令，打开【投影】对话框，❶ 设置参数如图 7-54 所示。❷ 单击【确定】按钮，效果如图 7-55 所示。

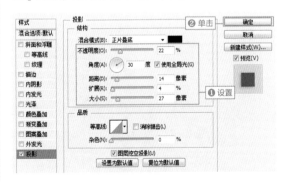

图 7-54

图 7-55

Step04　选择工具箱中的【横排文字工具】T，
设置前景色为白色。在图像上输入文字，按
【Ctrl+Enter】组合键，完成文字的输入，如图 7-56
所示。

Step05　新建图层，选择工具箱中的【矩形工
具】，选择选项栏中的【像素】选项，设置前
景色为白色，拖动鼠标指针，在两行文字之间绘
制小矩形，最终效果如图 7-57 所示。

图 7-56

图 7-57

7.2.8　宝贝场景展示合成

宝贝的展示可以使其置于场景中，既可以是
实景，也可以是虚拟的场景。对于虚拟的场景，
只需要使用多张图片进行拼合即可，如图 7-58
所示。

图 7-58

具体操作步骤如下。

Step01　按【Ctrl+N】组合键，新建一个宽度
为 1360 像素、高度为 600 像素、分辨率为 72 像
素 / 英寸的空白文件。设置前景色 RGB 值为
【246、240、233】，按【Alt+Delete】组合键填
充前景色。

Step02　按【Ctrl+O】组合键，打开"素材文
件 \ 第 7 章 \ 场景 .jpg"文件。选择工具箱中的
【移动工具】，将素材拖到新建的文件中，生
成图层 1，如图 7-59 所示。

图 7-59

Step03　单击图层面板下方的【添加蒙版】按
钮，为图层 1 添加蒙版。选择工具箱中的【渐
变工具】，设置颜色为白色到黑色的渐变色，
在图 7-60 所示的位置从下向上垂直拖动鼠标指
针，得到如图 7-61 所示的效果。

图 7-60

图 7-61

Step04 按【Ctrl+O】组合键，打开"素材文件＼第 7 章＼水壶 .psd"文件。选择工具箱中的【移动工具】，将水壶拖到新建的文件中，如图 7-62 所示。

图 7-62

Step05 按【Ctrl+O】组合键，打开"素材文件＼第 7 章＼茶壶 .psd"文件。选择工具箱中的【移动工具】，将茶壶拖到新建的文件中，在

图层面板中调整其顺序，效果如图 7-63 所示。

图 7-63

Step06 选择工具箱中【横排文字工具】T，在图像上输入文字，设置字体为【造字工房力黑】，如图 7-64 所示。执行【图层】→【图层样式】→【渐变叠加】命令，打开【图层样式】对话框，单击对话框中的色块，如图 7-65 所示。

欧式真空保温壶

图 7-64

图 7-65

Step07 ❶ 在打开的【渐变编辑器】对话框中设置暗红到红色再到暗红间的渐变色，❷ 单击【确定】按钮，如图 7-66 所示。此时，文字变为渐变色，如图 7-67 所示。

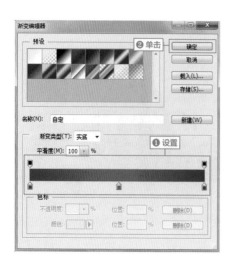

渐变编辑器
预设
❷单击
确定
取消
载入(L)...
存储(S)...
名称(N): 自定
新建(W)
渐变类型(T): 实底
❶设置
平滑度(M): 100 %
色标
不透明度: %
位置: %
删除(D)
颜色:
位置: %
删除(D)

图 7-66

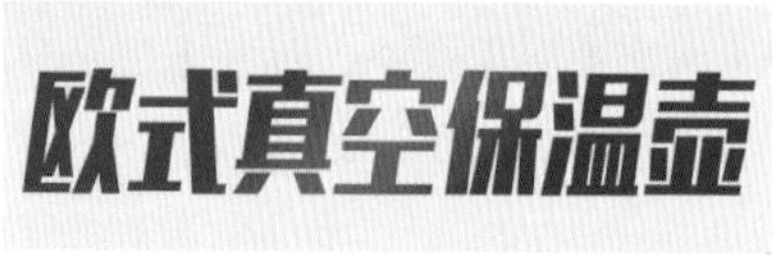
欧式真空保温壶

图 7-67

Step08 选择工具箱中的【横排文字工具】T，设置前景色为红色。在图像上输入文字，设置字体为【黑色】，如图 7-68 所示。选择工具箱中的【矩形工具】，选择选项栏中的【形状】选项，在选项栏中设置填充色为【无】、描边为【灰色】、大小为【0.2 点】，如图 7-69 所示。

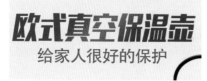

欧式真空保温壶
给家人很好的保护

图 7-68

形状
填充：
描边：
0.2 点

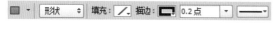

图 7-69

Step09 在文字下方拖动鼠标指针绘制矩形，如图 7-70 所示。再在矩形工具选项栏中设置填充色为【红色】，拖动鼠标指针绘制矩形，如图 7-71 所示。

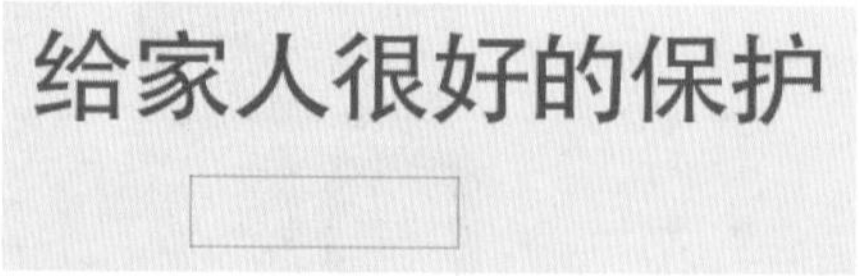
给家人很好的保护

图 7-70

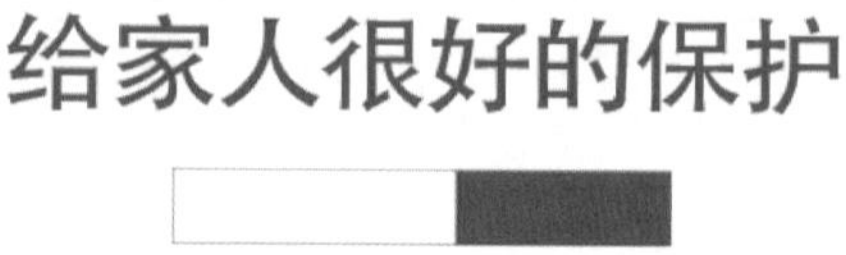
给家人很好的保护

图 7-71

Step10 选择工具箱中的【横排文字工具】T，在矩形上输入文字，最终效果如图 7-72 所示。

欧式真空保温壶
给家人很好的保护

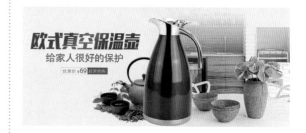

图 7-72

美工经验

快速去除宝贝图片水印的技巧与方法

给宝贝图片去除水印要具体情况具体分析，选择适合的方法。可以使用本书前面介绍的仿制图章工具、污点修复画笔工具等进行处理。但是这些工具对于水印过多的图片处理起来速度太慢，效果也不佳。下面介绍一种使用【填充】对话框中的【内容识别】快速去除水印的方法，其处理前后的对比效果如图 7-73 所示。

图 7-73

具体操作步骤如下。

Step01　按【Ctrl+O】组合键，打开"素材文件\第 7 章\手机壳.jpg"文件，如图 7-74 所示。选择工具箱中的【魔棒工具】，在选项栏中单击【添加到选区】按钮，将【容差】设置为【5】，选中【连续】复选框，如图 7-75 所示。

图 7-74　　　　　　　　　　　　　　　　　图 7-75

Step02　在水印文字上分别单击，将水印载入选区，如图 7-76 所示。执行【选择】→【修改】→【扩展】命令，打开【扩展选区】对话框，❶将【扩展量】设置为【1】，❷单击【确定】按钮，如图 7-77 所示。

图 7-76　　　　　　　　　　　　　　　　　图 7-77

Step03 扩展后的选区如图 7-78 所示。执行【编辑】→【填充】命令，打开【填充】对话框，❶ 在【内容】栏中【使用】下拉列表中选择【内容识别】选项，❷ 单击【确定】按钮，如图 7-79 所示。

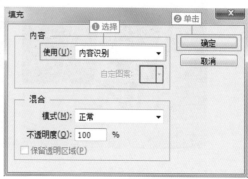

图 7-78   图 7-79

Step04 此时可以看到水印已去除，如图 7-80 所示。按【Ctrl+D】组合键，取消选区，最终效果如图 7-81 所示。

图 7-80   图 7-81

第8章
宝贝图片光影与色彩的调整

本章导读

　　由于照片拍摄的问题，宝贝照片有时会出现一些曝光、偏色的问题。传到网店的宝贝照片曝光一定要正常，正常的曝光才能显示出宝贝的细节，过亮或过暗都不行。同时还可以使用Photoshop强大的功能对宝贝照片进行偏色校正和调色处理。

知识要点

　　通过本章内容的学习，大家能够学会调整宝贝图片色彩与光影的方法。学完后需要掌握的相关技能知识如下。

▲ 宝贝光影问题调整

▲ 宝贝色彩问题调整

8.1 宝贝光影问题调整

在宝贝拍摄过程中，由于操作、环境等问题，拍出的宝贝照片有时会出现一些光影和色彩问题。本节将介绍调整宝贝光影问题的方法。

8.1.1 修复曝光不足的宝贝照片

宝贝照片偏暗，会看不清楚，无法识别细节。使用 Photoshop 可以轻松修复这类问题，修复曝光不足的宝贝照片前后对比效果如图 8-1 所示。

图 8-1

具体操作步骤如下。

Step01 按【Ctrl+O】组合键，打开"素材文件 \ 第 8 章 \ 女装 .jpg"文件，如图 8-2 所示。执行【图像】→【调整】→【亮度 / 对比度】命令，打开【亮度 / 对比度】对话框，❶ 将【亮度】设置为【8】，❷ 单击【确定】按钮，如图 8-3 所示。

图 8-2

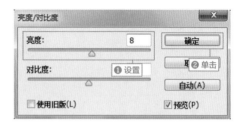

图 8-3

Step02 通过前面的操作，提高图片整体曝光，效果如图 8-4 所示。执行【图像】→【调整】→【色阶】命令，打开【色阶】对话框，❶ 设置参数值如图 8-5 所示，❷ 单击【确定】按钮。

图 8-4

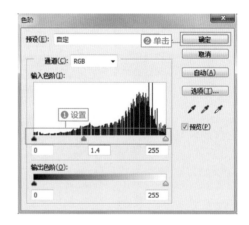

图 8-5

Step03 通过前面的操作，整体画面更加明亮，最终效果如图 8-6 所示。

图 8-6

8.1.2　修复曝光过度的宝贝照片

拍摄宝贝照片时，有时会因阳光过于明媚或室内光的原因，导致产品局部出现过亮的问题。本实例将对图片进行曝光减弱，效果对比如图 8-7 所示。

优化前

优化后

图 8-7

具体操作步骤如下。

Step01　按【Ctrl+O】组合键，打开"素材

文件 \ 第 8 章 \ 运动鞋 .jpg"文件，如图 8-8 所示。执行【图像】→【调整】→【亮度 / 对比度】命令，打开【亮度 / 对比度】对话框，❶ 将【亮度】设置为【-20】，❷ 单击【确定】按钮，如图 8-9 所示。

图 8-8

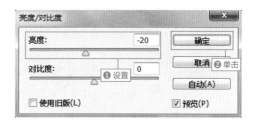

图 8-9

Step02　通过前面的操作，宝贝图片效果如图 8-10 所示。执行【图像→【调整】→【曲线】命令，打开【曲线】对话框，❶ 向下拖动曲线，❷ 单击【确定】按钮，如图 8-11 所示。

图 8-10

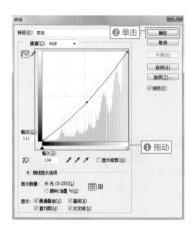

图 8-11

Step03 通过前面的操作，调暗宝贝图片，最终效果如图 8-12 所示。

图 8-12

8.1.3 校正逆光宝贝照片

拍摄宝贝或模特时，如果背对光源，就会出现逆光现象。该现象的主要问题是主体偏暗，背景明亮，逆光可以在 Photoshop 中进行修复，效果对比如图 8-13 所示。

图 8-13

具体操作步骤如下。

Step01 按【Ctrl+O】组合键，打开"素材文件 \ 第 8 章 \ 逆光图片 .jpg"文件，如图 8-14 所示。

图 8-14

Step02 执行【图像】→【调整】→【阴影 / 高光】命令，打开【阴影 / 高光】对话框，❶ 在【阴影】区域设置【数量】为【75】，❷ 单击【确定】按钮，如图 8-15 所示。通过前面的操作，调亮阴影区域，效果如图 8-16 所示。

图 8-15

图 8-16

Step03 执行【图像】→【调整】→【色阶】命令，打开【色阶】对话框。❶设置色阶值如图8-17所示，❷单击【确定】按钮。调整后的最终效果如图8-18所示。

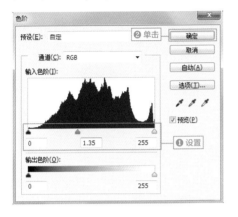

图 8-17

图 8-18

美工经验

拍出宝贝正常曝光效果的技巧

曝光（Exposure）在过去是底片曝露在光线下得以成像的显影方式，即使摄影技术不断进步，其对于光线控制的要求并不会因为感光原理的不同而有所改变，也就是说，不管是传统相机还是数码相机，都必须根据现场环境光源强弱正确控制曝光量（Expose Value/EV），这样才能得到理想的成像效果。图8-19所示为同一张宝贝照片曝光过度、曝光正常、曝光不足时的效果。

曝光过度

曝光正常

曝光不足

图 8-19

曝光控制恰当，影像的明暗与层次才能完整被保留下来。EV 值＝光圈系数值＋快门速度值。获得正确曝光量的光圈与快门的设置如图 8-20 所示。

不同的光圈快门搭配会产生不同的曝光量，但同一个曝光量却有可能是多种不同快门速度及光圈系数的配搭组合结果，这正是所谓的曝光对等定律。虽然看似复杂，但并不用死背，因为目前的数码相机都相当聪明，一旦你测光完毕，相机就会自动帮你调整至最佳曝光值状态，这样能为你省去不少设定摸索的时间。

快门 光圈	60 秒	30 秒	15 秒	8 秒	4 秒	2 秒	1 秒
F1.4	−5	−4	−3	−2	−1	0	1
F2	−4	−3	−2	−1	0	1	2
F2.8	−3	−2	−1	0	1	2	3
F4	−2	−1	0	1	2	3	4
F5.6	−1	0	1	2	3	4	5
F8	0	1	2	3	4	5	6
F11	1	2	3	4	5	6	7
F16	2	3	4	5	6	7	8
F22	3	4	5	6	7	8	9

图 8-20

8.2 宝贝色彩问题调整

对于宝贝色彩问题的调整主要是调整宝贝的颜色及校正偏色的宝贝照片，本节将介绍这些问题的处理方法。

8.2.1 快速调出不同颜色的宝贝

如果一个宝贝图片有多个颜色，在主图中可以将多个颜色的宝贝都放置上。本节将以一个主图制作的案例介绍快速调出不同颜色宝贝照片的方法，制作前后效果如图 8-21 所示。

图 8-21

具体操作步骤如下。

Step01 按【Ctrl+N】组合键，新建一个宽度为 450 像素、高度为 450 像素、分辨率为 72 像素／英寸的空白文件。将前景色 RGB 值设置为【88、179、235】，按【Alt+Delete】组合键填充前景色，如图 8-22 所示。

Step02 选择工具箱中的【多边形套索工具】，绘制多边形选区。将前景色 RGB 值设置为【209、209、209】，按【Alt+Delete】组合键填充前景色。按【Ctrl+D】组合键取消选区，如图 8-23 所示。

图 8-22　　　　　　　图 8-23

Step03 按【Ctrl+O】组合键，打开"素材文件 \ 第 8 章 \T 恤 .jpg"文件，如图 8-24 所示。选择工具箱中的【魔棒工具】，在选项栏中设置【容差】为【10】，在背景处单击，得到图 8-25 所示的选区。

图 8-24

图 8-25

Step04 按【Ctrl+Shift+I】组合键，反选选区，如图 8-26 所示。选择工具箱中的【移动工

具】，将 T 恤拖到新建的文件中，如图 8-27 所示。

图 8-26

图 8-27

Step05 复制 T 恤，向右移动一定距离，如图 8-28 所示。执行【图像】→【调整】→【色相 / 饱和度】命令，打开【色相 / 饱和度】对话框，❶ 设置参数如图 8-29 所示，❷ 单击【确定】按钮。

图 8-28

图 8-29

Step06 调整颜色后的 T 恤如图 8-30 所示。在图层面板中调整 T 恤的顺序，如图 8-31 所示。

图 8-30　　　　图 8-31

Step07 用相同的方法复制并调整 T 恤的色彩，如图 8-32 所示。接下来将灰色 T 恤处理成麻灰色。

图 8-32

技术看板

有彩色的宝贝如何调成无彩色

无彩色是指黑色、白色和不同程度的灰色。有彩色是指除黑、白、灰以外的颜色。黑、白、灰可以通过饱和度和明度的调整得到，打开【色相/饱和度】对话框，如图 8-33 所示。饱和度为 -100 时，宝贝为灰色；明度为 -100 时，宝贝为黑色；明度为 100 时，宝贝为白色。

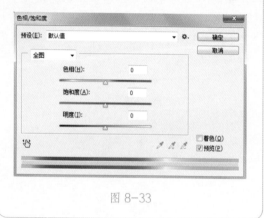

图 8-33

Step08 执行【滤镜】→【杂色】→【添加杂色】命令，打开【添加杂色】对话框，❶ 选中【单色】复选框，❷ 设置参数如图 8-34 所示，❸ 单击【确定】按钮，得到的麻灰色效果如图 8-35 所示。

图 8-34

图 8-35

Step09　新建图层，选择工具箱中的【矩形工具】 ，选择选项栏中的【像素】选项，设置前景色为洋红色，拖动鼠标指针，绘制矩形。按【Ctrl+T】组合键，显示变换定界框，如图 8-36 所示。将矩形旋转一定角度后按【Enter】键确认，如图 8-37 所示。

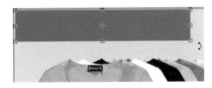

图 8-36

图 8-37

Step10　选择工具箱中的【横排文字工具】 **T**，设置前景色为白色。在图像上输入文字，按【Ctrl+Enter】组合键，完成文字的输入，用相同的方法将文字旋转一定角度，如图 8-38 所示。

Step11　选择工具箱中的【椭圆工具】 ，选

择选项栏中的【形状】选项，设置填充色为洋红，描边色为白色，描边宽度为 1 点，如图 8-39 所示。

图 8-38

图 8-39

Step12　按住【Shift】键，绘制一个正圆，如图 8-40 所示。新建图层，选择工具箱中的【矩形工具】 ，选择选项栏中的【像素】选项，设置前景色为白色，拖动鼠标指针，绘制矩形。同时选中矩形和圆所在的图层，单击选项栏中的【垂直居中对齐】按钮 ，将矩形和圆垂直居中对齐，如图 8-41 所示。

图 8-40　　　　　图 8-41

Step13　按住【Alt】键，在图层面板的圆和矩形所在的图层间单击，创建剪贴蒙版，如图 8-42 所示，图像效果如图 8-43 所示。

Step14　选择工具箱中的【横排文字工具】 **T**，在绘制的图形上输入文字，分别为洋红底白字和白底洋红字，如图 8-44 所示。

Step15　新建图层，选择工具箱中的【矩形工

具】■，选择选项栏中的【像素】选项，设置前景色为白色，拖动鼠标指针，在数字【129】上绘制小矩形，画掉原价，最终效果如图8-45所示。

图 8-42

图 8-43

图 8-44

图 8-45

8.2.2 校正偏色的宝贝照片

本例介绍了处理偏色照片的方法，主要使用了【照片滤镜】命令，设置的颜色为所偏颜色的互补色，再使用【色阶】命令调整照片亮度，处理前后的对比效果如图8-46所示。

图 8-46

具体操作步骤如下。

Step01 按【Ctrl+O】组合键，打开"素材文件\第8章\偏色图片.jpg"文件，如图8-47所示。

图 8-47

Step02 ❶ 在图层面板中单击【创建新的填充或调整图层】按钮 ◑，❷ 在打开的快捷菜单中选择【照片滤镜】命令，如图 8-48 所示。

图 8-48

Step03 在打开的【属性】面板中设置照片滤镜的颜色为黄色的互补色蓝色，浓度为【30%】，如图 8-49 所示。

图 8-49

Step04 调整颜色后的宝贝照片如图 8-50 所示。下面将宝贝照片再调亮一些，减少黄色。再在图层面板中单击【创建新的填充或调整图层】按钮，在打开的快捷菜单中选择【色阶】命令，在打开的【属性】面板中设置参数，如图 8-51 所示。

图 8-50

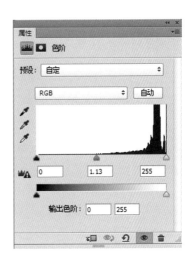

图 8-51

Step05 调整色阶后的宝贝照片如图 8-52 所示，图层面板如图 8-53 所示。

图 8-52

图 8-53

为什么有时会拍出偏色的宝贝照片

　　偏色与否是评判淘宝商品图片的一个重要标准，如果图片色彩与收到的实物不符，挑剔的买家肯定是不买账的。商品的真实色彩以自然光下肉眼可见为准，在淘宝图片展示上应当与人眼看到的颜色一致避免交易纠纷。但商品在拍摄时因为镜头或光色混合等原因，图片不能还原商品真实的色彩，此时就需要校正图片颜色。校色之前，先要明白偏色的原因，这样才能有针对性地解决问题，原因主要有以下 3 种。

　　（1）测光不准，导致曝光不准。

　　（2）环境色的影响。

　　（3）相机色温与照明光线的色温不相符合。

　　明白以上基本原理，想要最大限度地避免照片偏色，就要做到拍摄前尽量避开以上情况。

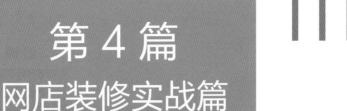

第 4 篇
网店装修实战篇

第 9 章
实战：网店首页设计与装修

本章导读

网店的首页设计与装修是店铺装修设计最重要的环节，本章将介绍旺铺模板的应用、店标设计、店招设计、导航设计、首焦图设计等网店首页装修设计的内容。希望读者能学习致用，得心应手地进行网店首页设计。

知识要点

通过本章内容的学习，大家能够学会网店首页设计与装修的方法与技能。学完后需要掌握的相关技能知识如下。

▲ 旺铺模板的应用　　　　▲ 店标设计

▲ 店招设计　　　　　　　▲ 导航设计

▲ 首焦图设计　　　　　　▲ 图片轮播模块的应用

▲ 产品陈列设计　　　　　▲ 商品分类模块的应用

▲ 友情链接模块　　　　　▲ 页尾设计

9.1 旺铺模板的应用

在进行店铺装修之前，需要了解旺铺模板的应用。淘宝网店装修有基础版、专业版、智能版3种，基础版的功能是非常有限的，本章将以专业版进行讲解。

9.1.1 选择模板

在专业版中，淘宝默认了3种模板以供选择，选择模板的具体操作步骤如下。

Step01 进入淘宝网卖家中心页面，单击左侧【店铺管理】选项卡下的【店铺装修】链接，如图9-1所示。

Step02 进入装修页面后可以使用专业版中免费的系统模板进行装修，也可以在装修市场购买模板进行装修。下面以系统模板为例进行装修。单击【装修】下面的【模板管理】标签，如图9-2所示。

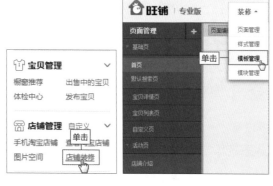

图9-1　　　　图9-2

Step03 ❶单击【模板管理】下面的【系统模板】标签，如图9-3所示，❷选择需要的系统模板，如图9-4所示。

Step04 ❶单击模板中的【应用】按钮，如图9-5所示。❷在弹出的提示框中单击【直接应用】按钮，如图9-6所示。

图9-3

图9-4

图9-5

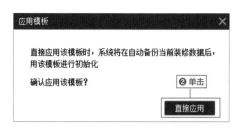

图 9-6

9.1.2　备份与还原模板

在网店装修时，经常需要对模板进行备份。旺铺专业版的备份功能，可以轻松保存当前模板。同时，系统会对最近 5 次发布的模板自动备份。备份与还原模板的具体操作步骤如下。

Step01 ❶ 在所选模板页面单击【备份和还原】按钮，如图 9-7 所示。打开【备份与还原】对话框，❷ 在【备份名】文本框中输入备份名称，❸ 单击【确定】按钮，如图 9-8 所示。

图 9-7

图 9-8

Step02 同时，还可以将备份还原。❶ 单击【还原】标签，❷ 选中要还原的备份，❸ 单击【应用备份】按钮，即可还原备份，如图 9-9 所示。

图 9-9

9.1.3　更改模板的颜色

系统模板中的装修页面提供了多种颜色，以便卖家在不同节日促销、转换经营方向时能更换使用，具体操作步骤如下。

Step01 ❶ 在装修页面单击左边栏中的【配色】标签，显示当前模板中可替换的颜色，❷ 单击要选择的颜色，如图 9-10 所示。

图 9-10

Step02 图 9-11 所示为替换前后的颜色显示。每种系统模板提供选择的颜色都不一样，所选模板只提供了两种颜色以供选择。

替换前

图 9-11

替换后

图 9-11（续）

如何选择与店铺风格相匹配的模板颜色

卖家在设置模板时，最好根据自己所销售宝贝的分类、属性来进行选择。例如，出售儿童用品，可以选择活泼的绿色；出售女士用品，可以选择粉红、紫色等女性化的颜色。

9.1.4　在装修市场中购买装修模板

在淘宝装修市场中，有许多专业制作模板的商家，如果觉得自己制作水平不够好，可以直接购买他们的模板来进行替代。在装修市场中购买装修模板，具体操作步骤如下。

Step01　❶ 在装修页面单击【装修】下面的【模板管理】标签，如图 9-12 所示。进入模板管理页面，❷ 单击【装修市场】按钮，如图 9-13 所示。

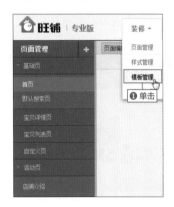

图 9-12

图 9-13

Step02　进入模板装饰页面，❶ 对自己要购买的模板属性进行自定义设置，❷ 单击【确定】按钮，如图 9-14 所示。

图 9-14

Step03　页面中显示很多模板，打开适合自己店铺的装修模板，单击想要查看的模板图片即可进行详细查看，如图 9-15 所示。

图 9-15

买】按钮。如果对模板效果不满意则可以继续选
择其他的模板。

图 9-16

Step04 如果要查看自己店铺应用的效果，
❶ 单击【马上试用】按钮，如图 9-16 所示。
❷ 在打开的【提醒】对话框中单击【确定试用】
按钮，如图 9-17 所示。

Step05 查看该模板效果是否符合自己店铺的
风格，如图 9-18 所示。如果需要购买则返回图
9-16 所示的页面，选择使用周期，单击【立即购

图 9-17

图 9-18

9.2　店标设计

网店标志是网店综合信息传递的媒介，在形象传递过程中，是应用最广泛、出现频率最高的元素，
它将店铺的定位、模式、产品类别和服务特点涵盖其中。LOGO 代表着特定的形象，一个独一无二、有
创意的 LOGO 可以让店铺脱颖而出。LOGO 主要有以下 3 种形式。

（1）文字 LOGO，基于文字变形。

（2）图形 LOGO，使用直接与公司类型相关的图形，图形可以是具象，也可以是抽象（如鞋店用鞋子作为 LOGO）。

（3）文字和图形结合的 LOGO。

9.2.1　制作静态店标

好的 LOGO 是有力的，无论它包含的是图形还是纯文字都有它特定的力量，使它引人注目。LOGO 需要成为品牌的支撑，还要能传达出公司的核心信息，传播公司所信仰的质量、技术与价值观。

因淘宝平台只需上传【位图】格式 LOGO，可以使用 Photoshop 软件进行设计。如果有需要设计【矢量图】格式 LOGO，可使用与 Photoshop 软件同为 Adobe 公司开发的 Illustrator 软件或 Corel 公司开发的 CorelDRAW 软件。标志大小在 80kb 以内才能上传，本例标志效果如图 9-19 所示。

图 9-19

具体操作步骤如下。

`Step01` 打开 Photoshop，按【Ctrl+N】组合键新建一个图像文件，在【新建】对话框中设置页面的宽度为 450 像素、高度为 450 像素、分辨率为 72 像素 / 英寸。

`Step02` 选择工具箱中的【钢笔工具】，在选项栏中选择【路径】选项，绘制如图 9-20 所示

的路径。新建图层，设置前景色 RGB 值为【213、3、3】，切换到路径面板，单击路径面板下面的【用前景色填充路径】按钮，得到如图 9-21 所示的效果。

图 9-20

图 9-21

`Step03` 按【Ctrl+J】组合键复制当前图层，按【Ctrl+T】组合键的同时右击图形，在弹出的快捷菜单中选择【水平翻转】命令，如图 9-22 所示。按【Enter】键确认，此时图形水平翻转，如图 9-23 所示。

图 9-22　　　　　　图 9-23

Step04 选择工具箱中的【移动工具】▶✛，按住【Shift】键，将图形水平向左移动，如图 9-24 所示。

图 9-24

Step05 在路径面板新建路径，选择工具箱中的【钢笔工具】✐，在选项栏中选择【路径】选项，绘制如图 9-25 所示的路径。

图 9-25

Step06 按【Ctrl+Enter】组合键，将路径转换为选区，如图 9-26 所示。按【Delete】键删除选区内的图形，按【Ctrl+D】组合键取消选区。

图 9-26

Step07 按【Ctrl+E】组合键向下合并图层，将左右图形合并到一层，这一步是为了后面的对

齐操作。选择工具箱中的【横排文字工具】**T**，设置前景色为黑色。在图像上输入文字，设置字体为【叶根友毛笔行书】，按【Ctrl+Enter】组合键，完成文字的输入，如图 9-27 所示。

图 9-27

Step08 按住【Shift】键选中所有图层，如图 9-28 所示。单击选项栏中【水平居中对齐】按钮🔲，将图形与文字居中对齐，最终效果如图 9-29 所示。

图 9-28　　　　图 9-29

技术看板

如何才能设计出优秀的 LOGO

要设计出优秀的 LOGO 需要做到以下几点。

①必须充分考虑可行性，针对其应用形式、材料采取不同的设计方式。同时，还需注意其应用于各传播方式的缩放效果。

②LOGO 要足够简单大气、容易辨认，适当利用图形来提高品牌辨识度。

③构思要新颖独特，表意准确，色彩搭配要单纯、强烈、醒目。

④LOGO 设计要符合作用对象的直观接受能力、审美意识、社会心理和禁忌。

当应用于淘宝平台时，建议 LOGO 的尺寸为 80px×80px，图片格式为 GIF、JPEG、PNG 文件，大小在 80KB 以内。

9.2.2 制作动态店标

除静态店标以外，还可以制作动态店标。以如图 9-30 所示的 LOGO 为例，学习动态店标的制作方法，其动态变化为水波摇曳。

图 9-30

具体操作步骤如下。

Step01 在网上搜索需要的素材，如在浏览器地址栏中输入网址 http://zz.sanjiaoli.com，进入【三角梨在线制作】网站页面，如图 9-31 所示。

图 9-31

Step02 单击【淘宝店标】标签，如图 9-32 所

示。选择一款适合自己店铺的成品店标，单击店标下面的【点此开始制作】按钮，如图 9-33 所示。

图 9-32

图 9-33

Step03 输入店铺店名，单击【确定提交】按钮，如图 9-34 所示。生成动态店标后单击【图片下载】按钮，可以将店标图片保存到本地文件夹中，如图 9-35 所示。

图 9-34

图 9-35

9.2.3　上传店标

LOGO 即是店铺的标志图片，一个精致而有特色的店标能在顾客脑海中树立起店铺的形象，提高店铺知名度，为店铺添加 LOGO 的具体操作步骤如下。

Step01 在卖家中心单击【店铺管理】选项卡下的【店铺基本设置】链接，如图 9-36 所示。

图 9-36

Step02 ❶ 单击【上传图标】按钮，如图 9-37 所示。❷ 在打开的对话框中选择设计好的标志图片，❸ 单击【打开】按钮，如图 9-38 所示。

图 9-37

图 9-38

Step03 上传后即可显示标志，如图 9-39 所示。稍等片刻，即可在我是卖家首页查看到店铺标志。

图 9-39

9.3　店招设计

店招相当于一个店铺的招牌，用以传递店铺信息。它位于店铺页面的上方，是首页第一个需要设计的区域，经常与导航栏一起设计，支持 JPEG、GIF、PNG 图片格式。在店铺装修时，要注意店招、产品和店铺风格相统一。

9.3.1 店招两大设计法则

店招可采用图片和文字对店铺进行说明，其作用就是标识店铺的名称、产品和服务等信息，同时传递店铺的特价活动及促销方式等，让进店客户一眼就能明确店铺销售的产品或优势。

1. 店招的信息传达准确

店招传递信息的作用是很明确的，顾客进入店铺首先看到的就是店招，店招中通常包含了店铺商品、品牌信息等重要信息。

店铺商品：通过有代表性的热销产品进行展示，如图 9-40 所示。

图 9-40

品牌信息：品牌信息通过产品名称、店铺名称、品牌 LOGO 等表现，如图 9-41 所示，品牌位于店招左侧，最容易被人注意。

图 9-41

2. 店招要具有吸引力

店招的吸引力可以从 LOGO、色彩、图文等方面入手。在店招中使用 LOGO 是必需的，LOGO 一般放在首页店招左上方最显著的位置。在淘宝店铺中使用 LOGO 应注意，LOGO 设计尽量使用中文，让大家能快速识别。在店招设计时，还应注意其颜色、字体的设计，要与店铺整体风格相符。图 9-42 所示为一个有吸引力的店招设计。

图 9-42

9.3.2 带【收藏】链接的全屏店招的设计与上传

本案例将介绍专业版店铺的全屏招的设计与上传，以及在店铺中加入收藏功能，指引买家收藏店铺，以增加店铺流量提升转化率。食品店铺店招效果如图 9-43 所示。

图 9-43

Step01　打开 Photoshop，按【Ctrl+N】组合键新建一个图像文件，在【新建】对话框中设置页面的宽度为 1920 像素、高度为 120 像素、分辨率为 72 像素 / 英寸。

如何设置店招尺寸

　　目前天猫的首页默认宽度为 990 像素，所以对于天猫店来讲，无论是做店招还是首页的其他模块，默认情况做到 990 像素就可以了。如果要做全屏效果的话，就尽量做到当前主流宽屏的尺寸 1920 像素。店招和导航栏组成了页头，而整个页头的高度为 150 像素，导航栏为 30 像素，店招自然为 120 像素。而普通 C 店的首页默认显示宽度为 950 像素，所以设计 C 店店招应在中间的 950 像素内放置主要内容。

Step02　按【Ctrl+R】组合键打开标尺显示，选择工具箱中的【移动工具】，❶ 在显示出的标尺区域右击，❷ 在打开的快捷菜单中选择【像素】选项，如图 9-44 所示。

Step03　执行【视图】→【新建参考线】命令，❶ 在打开的【新建参考线】对话框中单击【垂直】单选按钮，❷ 设置【位置】为【485 像素】，❸ 单击【确定】按钮，如图 9-45 所示。

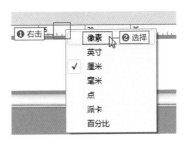

图 9-44

图 9-45

485 像素是如何计算出的

　　全屏店招的宽度尺寸为 1920 像素，普通 C 店店招宽度为 950 像素。1920 减去 950 的差除以 2 得到 485，以此确定 950 像素店招左右两端辅助线的位置。

Step04　此时，窗口中显示两条蓝色的线条，即为刚刚创建的参考线，如图 9-46 所示。

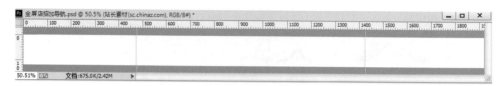

图 9-46

Step05 按【Ctrl+O】组合键，打开"素材文件\第9章\店招素材.psd"文件。选择工具箱中的【移动工具】，将素材移动到新建的文件中，如图9-47所示。

图 9-47

Step06 选择工具箱中的【横排文字工具】，在选项栏设置文字颜色为【红色】、字体为【楷体】，输入文字，如图9-48所示。选择工具箱中的【魔棒工具】，在文字区域单击，选中文字的上面部分，如图9-49所示。

图 9-48

图 9-49

Step07 设置前景色为黑色，按【Alt+Delete】组合键填充前景色，按【Ctrl+D】组合键取消选区，如图9-50所示。

图 9-50

Step08 按【Ctrl+O】组合键，打开"素材文件\第9章\古典图案.psd"文件。选择工具箱中的【移动工具】，将素材移动到新建的文件中，如图9-51所示。

图 9-51

Step09 选择工具箱中的【横排文字工具】，在选项栏设置文字颜色为【白色】、字体为【叶根友毛笔行书】，输入文字，如图9-52所示。

图 9-52

Step10 选择工具箱中的【圆角矩形工具】 ![] ，在选项栏设置相应的属性，如图 9-53 所示。在画面右侧绘制圆角矩形，用作收藏按钮，如图 9-54 所示。选择工具箱中的【横排文字工具】 ![T] ，在选项栏设置相应的文字属性，输入文字，如图 9-55 所示。

图 9-53

图 9-54　　　　图 9-55

Step11 在工具箱中设置背景色为黑色，执行【图像】→【画布大小】命令，打开【画布大小】对话框，❶ 单击向上定位按钮|↑|，如图 9-56 所示，❷ 设置【高度】为【150】像素，❸ 单击【确定】按钮，如图 9-57 所示。

图 9-56　　　　　　　　　　　　图 9-57

Step12 此时，画布大小已经改变，选中【背景】图层，使用【魔棒工具】 ![] 在新增区域创建选区，如图 9-58 所示。

图 9-58

Step13 设置前景色为与导航相同的深灰色，按【Alt+Delete】组合键填充前景色，按【Ctrl+D】组合取消选区，如图 9-59 所示。

图 9-59

导航的颜色设置和店招的全屏效果有什么关系

此步骤中颜色设置应注意和店铺的导航颜色一致，才能做出全屏效果，因为这里设计的店招是放在导航为深灰色的店铺里，所以这里设置为深灰色。要得到一模一样的效果，可以将导航截图后在 Photoshop 中打开，用吸管工具吸取导航的颜色。

Step14 选择工具箱中的【裁剪工具】 ，按住鼠标左键不放进行拖动，裁剪出需要的区域，如图 9-60 所示。按【Enter】键后只剩下导航区域，效果如图 9-61 所示。

图 9-60

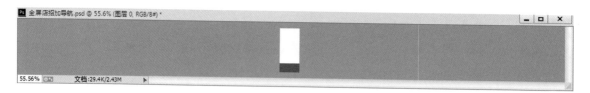

图 9-61

Step15 执行【文件】→【存储为 Web 格式】命令，打开【存储为 Web 所用格式】对话框，单击【存储】按钮，如图 9-62 所示。

Step16 打开【将优化结果存储为】对话框，❶ 设置文件名称，设置【格式】为【仅限图像】，❷ 单击【保存】按钮，如图 9-63 所示。

Step17 ❶ 在弹出的提示框中单击【确定】按钮，如图 9-64 所示。执行【窗口】→【历史记录】命令，打开【历史记录】面板，❷ 选择历史记录中的裁剪前的一步，使文件回到此操作时的状态，如图 9-65 所示。

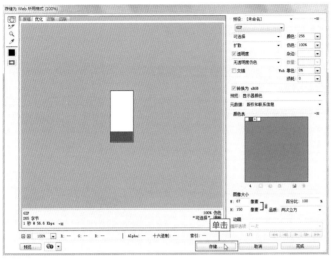
图 9-62

图 9-63

图 9-64　　　　　　　　图 9-65

Step18 执行【视图】→【新建参考线】命令，❶ 在打开的【新建参考线】对话框中单击【水平】单选按钮，❷ 设置【位置】为【120 像素】，❸ 单击【确定】按钮，如图 9-66 所示。此时，出现一条水平辅助线，如图 9-67 所示。

图 9-66

图 9-67

Step19 选择工具箱中的【裁剪工具】 ，按住鼠标左键不放进行拖动，裁剪出需要的区域，如图 9-68 所示。按【Enter】键后只剩下 950 像素店招的区域，如图 9-69 所示。

图 9-68

图 9-69

Step20 执行【文件】→【存储为 Web 格式】命令，打开【存储为 Web 所用格式】对话框，单击【存储】按钮，如图 9-70 所示。

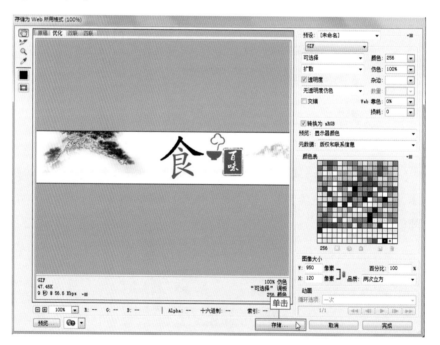

图 9-70

Step21 打开【将优化结果存储为】对话框，❶ 设置文件名称，设置【格式】为【HTML 和图像】，❷ 单击【保存】按钮，如图 9-71 所示。

图 9-71

Step22 在弹出的提示框中单击【确定】按钮，如图 9-72 所示。

图 9-72

Step23 打开淘宝网页，进入卖家中心，❶ 在打开的页面中单击左侧【店铺管理】选项卡下的【图片空间】链接，如图 9-73 所示。❷ 单击【上传图片】按钮，如图 9-74 所示。

图 9-73

图 9-74

Step24 ❶ 单击【点击上传】按钮，如图 9-75 所示。❷ 在【打开】对话框中选择刚才保存的店招，❸ 单击【打开】按钮完成上传，如图 9-76 所示。

图 9-75

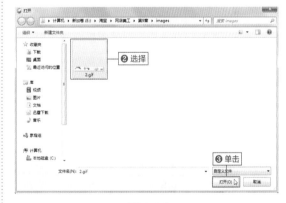

图 9-76

Step25 在图片空间单击店招下面的链接按钮🔗复制链接地址，如图 9-77 所示。

Step26 打开 Dreamweaver 软件，按【Ctrl+O】组合键，打开【打开】对话框，❶ 选择之前保存的店招 HTML 文件，❷ 单击【打开】按钮，如图 9-78 所示。

图 9-77   图 9-78

Step27 此时，文件在 Dreamweaver 中打开，单击店招使它处于选中状态，如图 9-79 所示。

图 9-79

Step28 ❶ 将图片空间中的店招链接粘贴到【属性】面板中的【源文件】输入框中，替换之前的图片链接。❷ 在【属性】面板中单击【矩形热点工具】按钮，如图 9-80 所示。

Step29 ❸ 将鼠标指针指向需要绘制热点的范围，此时指针呈十字形状，拖动鼠标绘制热点范围，如图 9-81 所示。

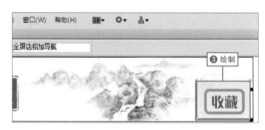

图 9-80   图 9-81

技术看板

为什么要修改【属性】面板中的源文件链接

　　在 Dreamweaver 中，【属性】面板中的源文件是用于放置图片链接的，在 Dreamweaver 中打开的 HTML 文件为本地的，未上传到网络平台中，图片也保存在本地计算机中，此时将这个 HTML 文件在 Dreamweaver 中打开，【属性】面板中的源文件显示的是图片的本地链接。如果要将这个文件在网络中使用，就要将同样大小尺寸的图片上传到图片空间，并把链接地址修改为图片在图片空间中的链接地址。

Step30 打开店铺首页，❶ 将鼠标指针指向店铺名称，❷ 右击【收藏店铺】按钮，❸ 在打开的快捷菜单中选择【复制链接地址】命令，如图 9-82 所示。

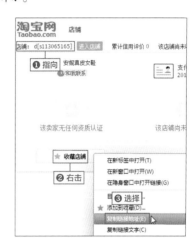

图 9-82

Step31 回到 Dreamweaver 中，❶ 单击目标后面的按钮▼，❷ 在弹出的下拉列表框中选择【_blank】选项，如图 9-83 所示。

图 9-83

Step32 ❶ 在【链接】文本框中删除原有内容，粘贴链接地址，如图 9-84 所示。❷ 单击 Dreamweaver 软件左上角的【代码】按钮，如图 9-85 所示。

图 9-84　　　　　　　图 9-85

Step33 将视图切换到代码窗口，按【Ctrl+A】组合键将代码全部选中并右击，在打开的快捷菜单中选择【拷贝】命令，如图 9-86 所示。

图 9-86

Step34 进入卖家中心，❶ 单击页面左侧【店铺管理】选项卡下的【店铺装修】链接，如图 9-87 所示。❷ 进入店铺装修页面后，单击店招右上方的【编辑】按钮，如图 9-88 所示。

图 9-87

图 9-88

Step35 ❶ 在打开的【店铺招牌】对话框中选中【自定义招牌】单选按钮，将编辑窗口转换为代码编辑，❷ 按【Ctrl+A】组合键全选原来的代码，按【Ctrl+V】组合键粘贴之前在 Dreamweaver 中复制的代码，❸ 单击【保存】按钮，如图 9-89 所示。

图 9-89

Step36 此时，设计的店招显示出来，如图 9-90 所示。下面接着做店招全屏的效果。

图 9-90

Step37 单击装修页面左侧的【页面】标签，❶ 单击【页面背景图】区域中的【更换图片】按钮，如图 9-91 所示。❷ 在打开的【打开】对话框中选择之前保存的页头背景素材，❸ 单击【打开】按钮，如图 9-92 所示。

图 9-91

图 9-92

Step38 ❶ 取消选中【显示】复选框, ❷ 单击
【背景显示】区域中的【横向平铺】按钮, 如图
9-93 所示。❸ 单击页面右上角的【发布站点】
按钮, 如图 9-94 所示。

Step39 ❶ 在打开的【发布】提示框中单击【确
定发布】按钮, 如图 9-95 所示。❷ 在打开的【发
布站点】对话框中单击【查看店铺】按钮, 如图
9-96 所示。

图 9-93

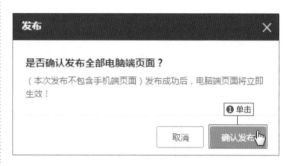

图 9-95

图 9-94

图 9-96

Step40 此时, 页面中即可查看上传完成的全屏页头效果。单击店招中设计的收藏按钮, 如图 9-97 所
示, 即可打开图 9-98 所示的收藏提示框。

图 9-97

图 9-98

9.4　导航设计

导航的作用是将产品分类以方便顾客寻找，包括品牌介绍、店铺介绍、售后服务、特惠活动、宝贝分类等。导航位于店铺店招的下方，宽度与店招同宽，淘宝店铺有文字内容的部分建议在 950 像素以内，天猫店铺建议在 990 像素以内，高度为 30 像素。它是买家访问店铺的快速通道，可以让顾客方便地从一个页面跳转到另一个页面，查看店铺的各类商品及信息。因此，清晰的导航能保证更多店铺页面被访问，使更多的商品得到展现。

导航的设置并不是越多越好，而是需要结合店铺的运营，选取对店铺经营有帮助、有优势的内容。导航在首页布局所占的比例并不大，但是其所附带传播的信息对塑造店铺的个性化形象至关重要，导航的设计应与店铺整体风格搭配。

9.4.1　添加店铺导航分类

设置好店铺的分类后，卖家还可以将其快速添加到导航中，以引导买家购物，具体的操作步骤如下。

Step01 进入装修页面，单击导航栏右边的【编辑】按钮，如图 9-99 所示。

图 9-99

Step02 ❶ 在打开的【导航】面板中单击【添加】按钮，如图 9-100 所示。❷ 在【管理分类】区域中，选中所有的复选框，❸ 单击【确定】按钮，如图 9-101 所示。

图 9-100

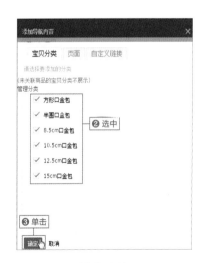

图 9-101

Step03 在【导航】面板中单击【确定】按钮，如图 9-102 所示，即可在导航中显示添加的分类，如图 9-103 所示。

图 9-102

图 9-103

9.4.2　自定义设计导航

系统模板中默认的导航只有所有分类和首页，卖家可以根据需要增加店铺导航的分类，具体操作步骤如下。

Step01　进入装修页面，单击导航栏右边的【编辑】按钮，如图 9-104 所示。

图 9-104

Step02　❶ 在打开的【导航】面板中单击【添加】按钮，如图 9-105 所示。❷ 打开【添加导航内容】对话框，单击【添加链接】按钮，如图 9-106 所示。

图 9-105

图 9-106

Step03　❶ 输入链接名称和链接地址，❷ 单击【保存】按钮，如图 9-107 所示。❸ 在切换到的面板中单击【确定】按钮，如图 9-108 所示。

图 9-107

图 9-108

Step04 在【导航】面板中单击【确定】按钮，如图 9-109 所示，即可在导航中显示新添加的分类，如图 9-110 所示。

图 9-109

图 9-110

9.5　首焦图设计

在店铺首页的设计中，首焦图是非常重要的内容，它是店铺内部的横幅广告，一般放置店铺的热销产品、店铺活动等内容。

9.5.1　如何做好首焦图视觉呈现

首焦图是首页中的一个重点，更是一个亮点，在和首页合成为一个整体时，应该从首页中脱颖而出。在设计整个页面中，适当地消弱除首焦图外的其他元素，可以更好地突出首焦图。如图 9-111 所示，首焦图与下面的元素相比，显得突出耀眼。

除此以外，首焦图设计本来也要有创意和趣味性，足够吸引人们的视线。不能将首焦图的视觉冲击完全寄托在弱化其他元素上，最好是保证所有元素都和谐的情况下，再突出首焦的设计，在配色和排版上进行把握。并在视觉冲击力上，通过对对比的严格控制，让视觉冲击对顾客发生效应。

图 9-111

9.5.2　首焦图设计实例

首焦图对于卖家来说并不陌生，但很多时候也难免会束手无策。如果要将商品原片打造成适用于一些特定风格的首焦图，更需要一些创意性的想法，也需要一些合成的基本理论知识，如服装类产品在拍摄前期需要考虑到模特姿势问题等，否则后期制作中会遇到诸多限制。

　　尺寸方面淘宝店铺默认宽度为 950 像素、天猫店铺默认宽度为 990 像素，高度建议在 600 像素以内。本例以一个男鞋店铺首焦图为例，介绍设计首焦图的方法，案例效果如图 9-112 所示。

图 9-112

　　具体操作步骤如下。

Step01 打开 Photoshop，按【Ctrl+N】组合键新建一个图像文件，在【新建】对话框中设置页面的宽度为 950 像素、高度为 460 像素、分辨率为 72 像素 / 英寸。

Step02 选择工具箱中的【渐变工具】█，单击选项栏中的【点按可编辑渐变】按钮 ████▼，打开【渐变编辑器】对话框，❶ 设置两端色块颜色 RGB 值为【102、127、191】，中间色块颜色 RGB 值为【227、229、254】，❷ 单击【确定】按钮，如图 9-113 所示。

图 9-113

Step03 单击选项栏中的【线性渐变】按钮 █，在文件中从左至右拖动鼠标指针，释放鼠标后效果如图 9-114 所示。

图 9-114

Step04 按【Ctrl+R】组合键，显示标尺。选择工具箱中的【移动工具】▶♦，从标尺中拖出辅助线，如图 9-115 所示。

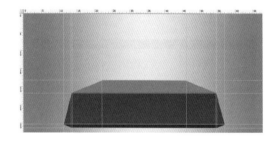

图 9-115

Step05 选择工具箱中的【多边形套索工具】♥，绘制多边形选区，新建图层，填充为不同深浅的蓝色，绘制图 9-116 所示的立体图形。再选择工具箱中的【多边形套索工具】♥，绘制图 9-117 所示的多边形选区。

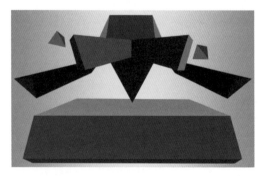

图 9-116

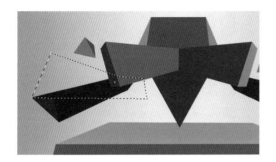

图 9-117

Step06　新建图层，选择工具箱中的【渐变工具】，设置颜色为蓝色到深蓝色的渐变色，再在选项栏中单击【线性渐变】按钮，从左向右拖动鼠标指针，填充渐变色，如图 9-118 所示。按【Ctrl+D】组合键，取消选区。用相同的方法再制作几个渐变图形，如图 9-119 所示。

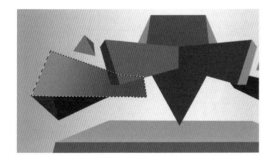

图 9-118

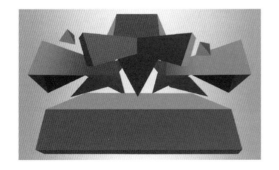

图 9-119

Step07　按【Ctrl+O】组合键，打开"素材文件 \ 第 9 章 \ 男鞋 .psd"文件。选择工具箱中的【移动工具】，将素材拖到新建的文件中，如

图 9-120 所示。

图 9-120

Step08　选择工具箱中的【横排文字工具】，设置前景色为白色。在图像上输入文字，设置字体为【黑体】，按【Ctrl+Enter】组合键，完成文字的输入，如图 9-121 所示。

图 9-121

Step09　选择工具箱中的【圆角矩形工具】，在选项栏中选择【像素】选项，设置半径为 8 像素。设置前景色为白色，绘制一个圆角矩形。按【Ctrl+T】组合键，将其旋转一定角度后放到图 9-122 所示的位置。

图 9-122

Step10 选择工具箱中的【移动工具】 ▶✛，将
鼠标指针置于圆角矩形上，按住【Alt】键的同时
进行拖动，复制圆角矩形。按【Ctrl+T】组合键
的同时右击复制的圆角矩形，在弹出的快捷菜单
中选择【水平翻转】命令，按【Enter】键确定，
如图 9-123 所示。

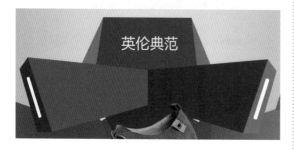

图 9-123

Step11 选择工具箱中的【横排文字工具】 T，
设置前景色为白色。在图像上输入文字，设置字
体为【方正综艺简体】，按【Ctrl+Enter】组合
键，完成文字的输入，如图 9-124 所示。

图 9-124

Step12 在图层面板中文字所在图层右击，在
弹出的快捷菜单中选择【删格化文字】命令，将
文字删格化。按【Ctrl+T】组合键的同时右击文
字，在弹出的快捷菜单中选择【扭曲】命令，如
图 9-125 所示。

图 9-125

Step13 拖动四角的控制点，制作文字的透视
效果，如图 9-126 所示，按【Enter】键确定。选
择工具箱中的【横排文字工具】 T，输入图 9-127
所示的文字，属性与前面相同。

图 9-126

图 9-127

Step14 在图层面板中文字所在图层右击，在弹
出的快捷菜单中选择【删格化文字】命令，将文字
删格化。按【Ctrl+T】组合键的同时右击文字，在
弹出的快捷菜单中选择【扭曲】命令，制作文字的
透视效果，如图 9-128 所示。

图 9-128

Step15　选择工具箱中的【横排文字工具】T，设置前景色为白色。分别在图像上单击，在出现的文本框中输入所需的文字，如图 9-129 所示。

图 9-129

Step16　选择工具箱中的【横排文字工具】T，设置前景色为白色。在图像上输入广告语，设置字体为【造字工房力黑】，按【Ctrl+Enter】组合键，完成文字的输入，如图 9-130 所示。

图 9-130

Step17　单击文字工具选项栏最后面的【切换字符和段落面板】按钮，在弹出的字符面板中的单击【仿斜体】按钮T，如图 9-131 所示。此时文字变倾斜，最终效果如图 9-132 所示。

图 9-131

图 9-132

Step18　接下来进入图片空间，将首焦图上传到图片空间，单击图片下方的【复制链接】按钮，如图 9-133 所示。

图 9-133

Step19　进入装修页面，如果店铺中没有首焦图模块，需要先添加模块。❶先将鼠标指针放到【自定义区】模块上，❷然后按住鼠标左键不放，拖动到需要的位置，如图 9-134 所示。

图 9-134

Step20 单击自定义模块右上角的【编辑】按钮，如图9-135所示。

图 9-135

Step21 ❶ 在打开的对话框中单击图片按钮 ，如图9-136所示。❷ 将图片空间中复制的链接粘贴到图片地址文本框中，❸ 单击【确定】按钮，如图9-137所示。

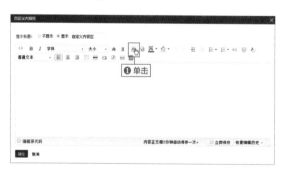

图 9-136

图 9-137

Step22 ❶ 单击【确定】按钮，如图9-138所示。❷ 最后，单击【发布站点】按钮即可，如图9-139所示。

图 9-138

图 9-139

9.6　图片轮播模块的应用

图片轮播是店铺装修的重要元素，常用于放置店铺促销海报、爆款宝贝推荐。本节将介绍店铺装修中图片轮播模块的使用方法。

9.6.1　添加图片轮播模块

图片轮播通常为两幅或两幅以上的海报进行滚动轮播，两幅海报的尺寸保持统一。如果页面中没有【图片轮播】模块，需要先进行添加，具体操作步骤如下。

Step01 进入装修页面，❶ 将鼠标指针置于【图片轮播】模块上，❷ 按住鼠标左键不放，将其拖到需要的位置后释放鼠标，如图 9-140 所示。

图 9-140

Step02 此时，【图片轮播】模块在页面添加成功，如图 9-141 所示。

图 9-141

9.6.2　编辑轮播模块

　　下面来编辑轮播模块，将设计好的两张以上的图片上传到图片空间，添加图片到轮播处的具体操作步骤如下。

Step01　❶ 进入图片空间，单击轮播图片下方的【复制链接】按钮，如图 9-142 所示。❷ 进入装修页面，单击【图片轮播】模块右上角的【编辑】按钮，如图 9-143 所示。

图 9-142

图 9-143

Step02　❶ 将图片空间中复制的链接粘贴到图片地址文本框中，再在淘宝店铺中打开要链接的宝贝页面，复制其地址，粘贴到链接地址文本框中，❷ 单击【添加】按钮，继续添加第二张，如图 9-144 所示。

图 9-145

图 9-144

Step03　❶ 用相同的方法粘贴第二张轮播图片的图片地址和要链接的宝贝链接地址，❷ 单击【保存】按钮，如图 9-145 所示。❸ 最后，单击【发布站点】按钮即可，如图 9-146 所示。

图 9-146

9.7　产品陈列设计

店铺陈列的优劣直接关系到跳失率，清晰地陈列能让买家最快找到卖家想推荐给他的商品，提高下单率。

9.7.1　好的商品陈列的五大关键因素

通过不同的视觉呈现方式，可以将产品最美观的一面展示给顾客浏览，从而提升销售额。产品的陈列方式能营造出不同的销售氛围，从而影响顾客的消费心理。好的商品陈列要做到以下几方面。

1. 产品整洁

产品的整洁干净是产品进行陈列必须遵循的规则，太多的产品堆砌展示会让顾客不想浏览下去，太少的产品又会显得店铺冷冷清清，建议一行展示 3~5 个宝贝。在产品展示中，将有代表性的产品一一陈列是最基本的陈列方式，也是在新

品销售前期最主要的展示方式。展示时应有一定的规律性，将背景简化、突出产品，避免过多的装饰和文案，也可将类似的产品放置到详情页中进行关联产品展示。

如图 9-147 所示，产品背景统一，没有多余的杂物，产品图片下的一些产品属性也排列有序，整体看起来时尚简约。

2. 爆款突出

在首页产品陈列中，爆款商品可以突出展示。在同一个模块中，可以将陈列方式稍做调整，设计出有主次之分的展示模块，表示它是热卖产品。

可以在设计模块时将热卖产品放大展示或将热卖产品的展示区域放大，同模块的其他产品等比例展示，尺寸比热卖产品尺寸要小。这样便有利于引导顾客关注更为突出的产品，促使顾客先浏览突出的产品，促进爆款打造，如图 9-148 所示。

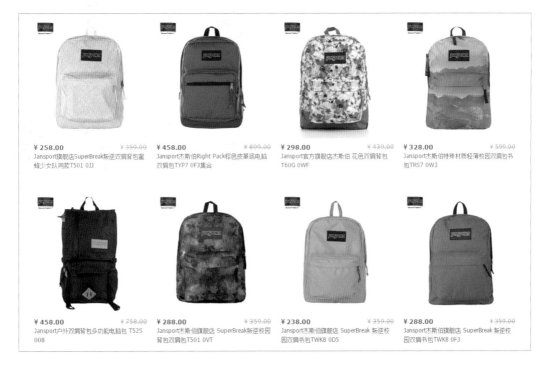

图 9-147

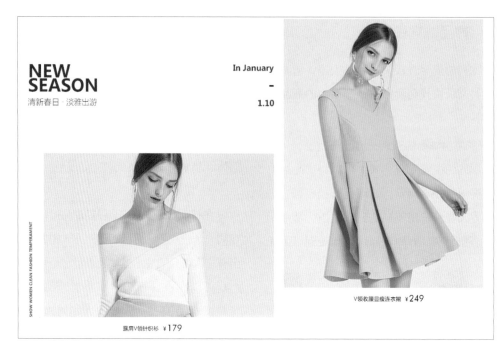

图 9-148

3. 整体统一

整体统一不仅仅是在产品属性上要统一，在展示位上的图标和装饰元素等也应该统一，相对于整齐统一的陈列方式，有创意有变化的陈列更会让人眼前一亮，如使用产品摆出各种造型和图案外轮廓等，都是不错的选择。

展示过程中可以将同属性的产品进行归类展示，而不需要将不同类型的产品放在同一个模块中，这样可以达到磁石效应，将对某类产品有消费需求的顾客汇集在一个指定的区域，使用产品不同的特征去吸引不同的顾客。如图 9-149 所示，所陈列的产品元素都相同，只有产品和各自的价格不同，明显地体现了整齐统一性，这种陈列看起来比较舒适干净。

图 9-149

4. 陈列搭配

产品搭配是通过将有关联的产品放在一起进行展示，从而提升关联率，增加客单价。服装类主打上装可搭配下装、主打裙子可搭配饰品和包包；电器类主打大家电可搭配小家电；生活用品类主打沐浴用品可搭配洗漱用品等。

搭配展示不仅可以在首页进行展示，也可以在详情页进行展示，通过主动地进行产品推荐搭配，更方便顾客挑选商品，对于很多不确定性的消费，主动的关联搭配就非常重要。通过将产品搭配展示，能激发顾客的其他消费需求。如图 9-150 所示，通过核心产品的展示，再搭配其他产品的方式，能有效提升客单价，提高产品连带率。

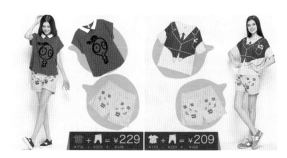

图 9-150

5. 排列有序

产品排列最重要的是要根据店铺运营的方向，从主营产品出发，根据产品的销售情况，将畅销的产品放置在有利的位置，将常规产品常规陈列。还需要综合考虑店铺的发展规划、产品特征、仓储情况，对产品品类进行排序。例如，尽量将库存多的产品进行优先展示，避免让库存少的产品出现断货，库存多的产品出现货品的积压。

产品展示应将同品类或同属性的产品放置在一起，如风格、材质、款式等基本属性。合理的品类展示能将顾客的思路厘清，如服装类目中，可先展示上装、再展示下装、最后展示配件。品类排序尽量与店铺分类里的商品排序一致，从主流产品到辅助产品，如图 9-151 所示。

也可根据产品价格展示，可先展示价格高的产品，再展示价格低的产品，那么价格低的产品

更容易销售。因为高价产品已在顾客心目中留下高价印象，所以再浏览到低价产品时会觉得下面的商品显得很便宜，也更容易接受，从而影响了买家的消费心理。

图 9-151

9.7.2　商品陈列规划

首页设计需要以产品为依托，因此店铺首页需要陈列产品是毋庸置疑的。新卖家在刚开始的时候，急于给产品带来转化，将大多产品"堆放"在首页而不合理规划，认为只要界面设计有震撼力，产品便能得到足够的点击和转化，事实上不是这样的。

对于 SKU 较多的店铺，如果首页产品没有一定的分层，如主推款、热销款、引流款、上新款等划分，给顾客带来的感觉是整个店铺非常平静，浏览的时候提不起兴趣。卖家想传递的是每款产品都很不错，但是顾客却找不到最满意的。这和看书是同样的道理，如果把每行都画上重点，之后也就不知道哪里才是重点。所以对产品分层规划非常重要，不宜展示过多以免引起顾客审美疲劳，把握好顾客心理，如图 9-152 所示。

图 9-152

图 9-152（续）

9.8　商品分类模块的应用

根据店铺产品合理分类可以让顾客更加容易找到满意的款式。设计宝贝分类模块，一是为了方便店铺管理，二是为了方便客户选购商品。官方模板默认宝贝分类模块宽度为190像素，高度根据需要可自行设置，无特定要求，建议不超过60像素。

可添加在店铺首页（左右布局情况下）、商品搜索页和详情页左侧。既可以使用简单的文字表现，也可以将文字换成独具特色的图片表现，使店铺更加吸引人的眼球。默认的分类和子分类只有文字和简单图标。通过对分类模块的设计，可以使枯燥的文字变得丰富有趣。

9.8.1　编辑商品分类模块

合理的宝贝分类可以使店铺的商品更清晰，方便卖家和买家快速浏览与查找自己想要的宝贝。如果店铺发布的宝贝数目众多，那么合理的分类显得尤为重要。添加宝贝分类具体的操作步骤如下。

Step01 ❶ 在卖家中心单击左侧【店铺管理】选项卡下的【宝贝分类管理】链接，如图 9-153 所示。
❷ 在【宝贝分类管理】页面中单击【添加手工分类】按钮，如图 9-154 所示。

图 9-153

图 9-154

Step02 在分类的最下方将添加分类，❶ 输入【分类名称】，如图 9-155 所示，如果需在此名称下添加【子分类】，则单击【添加子分类】按钮，在子分类中输入【子分类名称】。下面将店铺里的宝贝进行分类，❷ 单击子分类右侧的【查看】链接，如图 9-156 所示。

图 9-155

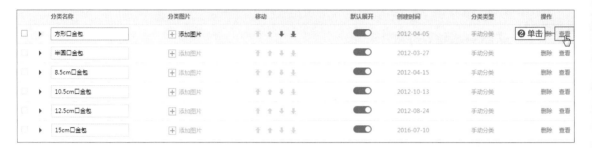

图 9-156

Step03 ❶ 在新打开的页面【宝贝管理】选项卡下单击【全部宝贝】标签，如图 9-157 所示。
❷ 单击要分类的宝贝右边的【添加分类】下拉按钮，❸ 选中要分类的复选框，可选择多个分类，如图
9-158 所示。

图 9-157 　　　　　　　　　　　　　　图 9-158

Step04 在首页单击【所有分类】选项卡下的【半圆口金包】标签，如图 9-159 所示，可以查看到宝
贝添加到了分类中，如图 9-160 所示。

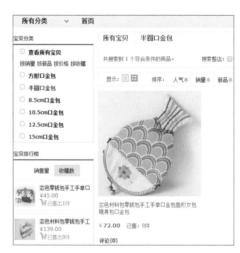

图 9-159 　　　　　　　　　　　　图 9-160

9.8.2　宝贝分类标题按钮设计

合理的分类能让店铺整洁美观，除了文字展示分类外，还可以用图文结合的形式制作宝贝分类标题按钮，按钮宽度在 160 像素以内，效果如图 9-161 所示。

图 9-161

具体操作步骤如下。

Step01 打开 Photoshop 软件，为方便显示，新建一个宽为 140 像素、高为 37 像素、分辨率为 72 像素 / 英寸，背景透明的文档。

Step02 新建图层，选择工具箱中的【圆角矩形工具】，在选项栏中选择【像素】选项，设置半径为 50 像素。设置前景色 RGB 值为【216、231、250】，绘制一个圆角矩形，如图 9-162 所示。

图 9-162

Step03 按【Ctrl+O】组合键，打开"素材文件 \ 第 9 章 \ 五角星 .psd"文件。选择工具箱中的【移动工具】，将素材拖动到新建的文件中，如图 9-163 所示。

图 9-163

Step04 选择工具箱中的【横排文字工具】T，设置前景色 RGB 值为【10、167、240】。在图像上输入文字，设置字体为【造字工房力黑】，如图 9-164 所示，最后将图片保存为 PNG 格式。

图 9-164

美工经验

制作图文结合的宝贝分类效果

制作好一个宝贝分类标题按钮后便可以复制多个按钮，改变按钮分类文字的内容，将所有图片存为 PNG 格式后上传到图片空间。下面介绍将分类按钮图片上传到店铺分类模块中的方法。具体操作步骤如下。

Step01 ❶ 进入店铺装修页面，单击宝贝分类模块右上角的【编辑】按钮，如图 9-165 所示。❷ 单击分类图片下面宝贝对应的【编辑】按钮，如图 9-166 所示。

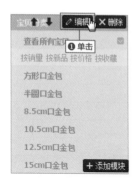

图 9-165

图 9-166

Step02 ❶ 选中【插入图片空间图片】单选按钮，如图 9-167 所示。❷ 在图片空间中选择对应的分类按钮图片，如图 9-168 所示。

图 9-167

图 9-168

Step03 用相同的方法添加其他分类对应的图片，完成后单击【保存更改】按钮，如图 9-169 所示。

图 9-169

Step04 刷新店铺页面，即可看到分类按钮图片的效果，如图 9-170 所示。

图 9-170

9.9　友情链接模块

与其他卖家彼此交换友情链接，不仅可以增加店铺的人气，还可以减少相应的支出。需要注意的是，店铺所交易的物品最好是相同主题的，最好是有所关联或互补的，只有这样才能起到店铺友情链接的作用。

9.9.1　添加友情链接模块

在淘宝店铺页面中只能添加一个友情链接模块，在模块中可以添加淘宝店铺、天猫、一淘、阿里巴巴等链接地址，具体操作步骤如下。

Step01　❶ 在装修页面中将鼠标指针放到【友情链接】模块上，如图 9-171 所示。❷ 按住鼠标左键不放，将模块拖到首页的左栏中，如图 9-172 所示。用相同的方法可以将左侧的其他模板添加到装修页面中。

图 9-171　　　　　　图 9-172

Step02　添加的【友情链接】模块如图 9-173 所示。

图 9-173

9.9.2　编辑友情链接模块

友情链接模块有文字和图片两种展现形式，下面以文字为例介绍如何编辑友情链接模块，具体操作步骤如下。

Step01　单击【友情链接】上方的【编辑】按钮，如图 9-174 所示。

图 9-174

Step02　❶ 在打开的面板中单击【添加】按钮，如图 9-175 所示。❷ 链接类型选中【文字】单选按钮，❸ 输入要添加店铺的链接名称、链接地址，❹ 单击【保存】按钮，如图 9-176 所示。

图 9-175

图 9-176

9.10 页尾设计

卖家总以为页头很重要，往往忽视了店铺页尾的设计。页尾是一个公用固定区域，会出现在店铺的每一个页面。它是一个自定义区，没有预置的模块。需要卖家自行填充相关图文或代码。

9.10.1 页尾的设计内容

页尾通常服务于新买家，对整个店铺有个总结性的作用。一般在页面最底端提供店铺的品牌介绍，加深品牌塑造；加上物流售后流程，让顾客放心购买；加上发货须知、买家必读等可减少因为发货引起的差评率。如图 9-177 所示，这个页尾中添加了很多可能顾客感兴趣的和店铺需要的内容，更好地补充了页面的完整性和功能性。

图 9-177

页尾除了能服务于买家，还能服务于卖家，如加上【收藏本店】链接，可提高顾客的下次购买率；加上【在线客服】展示，可以帮助顾客快速与客服取得联系；加上【友情链接】，可帮助友情店铺增加流量；加上【产品分类】展示，可减少产品跳失率，这些都是提高用户体验的好方法，如图9-178 所示。

图 9-178

9.10.2　页尾设计与上传

页尾设计也是不可忽视的一个环节，本例以一个牛仔裤店铺页尾设计为例，介绍页尾设计与上传的方法，案例效果如图 9-179 所示。

图 9-179

具体操作步骤如下。

Step01 打开 Photoshop，按【Ctrl+N】组合键新建一个图像文件，在【新建】对话框中设置页面的宽度为 950 像素、高度为 430 像素、分辨率为 72 像素 / 英寸。

Step02 选择工具箱中的【矩形选框工具】，在文件底部绘制一个矩形，设置前景色为黑色，按【Alt+Delete】组合键填充前景色，按【Ctrl+D】组合键取消选区。用相同的方法再绘制一个深蓝色矩形，如图 9-180 所示。

图 9-180

Step03 执行【滤镜】→【杂色】→【添加杂色】命令，打开【添加杂色】对话框，❶设置【数量】为【3】，❷单击【确定】按钮，如图 9-181 所示。

图 9-181

Step04 数量越大，杂色效果越明显，深蓝色矩形添加杂色后的效果如图 9-182 所示。

图 9-182

Step05 按【Ctrl+O】组合键，打开"素材文件＼第 9 章＼街道 .jpg"文件。选择工具箱中的【移动工具】，将素材拖动到新建的文件中，如图 9-183 所示。

图 9-183

Step06 按【Ctrl+O】组合键，打开"素材文件＼第 9 章＼建筑 .jpg"文件。选择工具箱中的【移动工具】，将素材拖动到新建的文件中，如图 9-184 所示。

图 9-184

Step07 单击图层面板下方的【添加蒙版】按钮，选择工具箱中的【渐变工具】，设置颜色为白色到黑色的渐变色，再在选项栏中单击【线性渐变】按钮，在图 9-185 所示的位置从左向右拖动鼠标指针。效果如图 9-186 所示。

图 9-185

图 9-186

Step08 按【Ctrl+O】组合键，打开"素材文件\第9章\美女.psd"文件。选择工具箱中的【移动工具】▶⊹，将素材拖动到新建的文件中，如图 9-187 所示。

图 9-187

Step09 新建图层，选择工具箱中的【矩形工具】▇，在选项栏中选择【像素】选项，设置前景色为灰色，拖动鼠标指针，绘制如图 9-188 所示的矩形。在图层面板中设置【不透明度】为【89%】，图像效果如图 9-189 所示。

Step10 单击图层面板下方的【添加图层样式】按钮 **fx**，在弹出的快捷菜单中选择【描边】命令，❶ 在弹出的【图层样式】对话框中设置参数，

❷ 单击【确定】按钮，如图 9-190 所示，此时矩形效果如图 9-191 所示。

图 9-188

图 9-189

图 9-190

图 9-191

Step11 选择工具箱中的【横排文字工具】T，设置前景色为白色。分别在图像上输入文字，设置字体为【微软雅黑】，按【Ctrl+Enter】组合键，完成文字的输入。按【Shift】键的同时选中文字与矩形，单击选项栏中的【垂直居中对齐】按钮和【水平居中对齐】按钮，将它们居中对齐，如图 9-192 所示。单击图层面板下方的链接按钮，将它们链接。

图 9-192

Step12 选择工具箱中的【移动工具】，将鼠标指针置于矩形上，按住【Alt】键的同时进行拖动，复制矩形与文字，如图 9-193 所示。

图 9-193

Step13　选择工具箱中的【横排文字工具】**T**，修改复制的文字内容，如图 9-194 所示。

图 9-194

Step14　按【Ctrl+O】组合键，打开"素材文件 \ 第 9 章 \ 牛仔裤 .psd"文件。选择工具箱中的【移动工具】**▶✛**，将素材拖动到新建的文件中，如图 9-195 所示。

图 9-195

Step15　选择工具箱中的【横排文字工具】**T**，设置前景色为白色。分别在图像上输入文字，设置字体为【黑体】，按【Ctrl+Enter】组合键，完成文字的输入，如图 9-196 所示。

图 9-196

Step16　新建图层，选择工具箱中的【圆角矩形工具】**▢**，在选项栏中选择【像素】选项，设置【半径】为【10 像素】。设置前景色 RGB 值为【162、23、28】，绘制一个圆角矩形，如图 9-197 所示。

图 9-197

Step17　选择工具箱中的【自定义形状工具】**✿**，再单击选项栏上的【形状图形】**→▾**，打开【形状】面板，在【形状】面板上选择【心形】选项。在选项栏中选择【像素】选项，设置前景色为白色，拖动鼠标指针绘制心形，如图 9-198 所示。

图 9-198

Step18　选择工具箱中的【横排文字工具】**T**，设置前景色为白色。分别在图像上输入文字，设置字体为【黑体】，按【Ctrl+Enter】组合键，完成文字的输入，如图 9-199 所示。

图 9-199

Step19 选择工具箱中的【画笔工具】，设置画笔大小为【2】、硬度为【100%】。在选项栏中选择【像素】选项，新建图层，按住【Shift】键，绘制直线，如图 9-200 所示。

图 9-200

Step20 选择工具箱中的【矩形选框工具】，绘制选区，设置前景色为黑色，填充前景色，按【Ctrl+D】组合键取消选区，得到如图 9-201 所示的矩形。

图 9-201

Step21 保持当前图层的选中状态，在图层面板中设置【图层混合模式】为【色相】，效果如图 9-202 所示。

图 9-202

Step22 选择工具箱中的【横排文字工具】T，设置前景色为白色、字体为【黑体】，输入图 9-203 所示的文字。

图 9-203

Step23 选择工具箱中的【移动工具】，将鼠标指针置于文字上，按住【Alt】键的同时进行拖动，复制文字。选择工具箱中的【横排文字工具】T，修改复制的文字内容，如图 9-204 所示。

图 9-204

Step24 按【Ctrl+O】组合键，打开"素材文件 \ 第 9 章 \ 二维码 .psd"文件。选择工具箱中的【移动工具】，将素材拖动到新建的文件中，如图 9-205 所示。

图 9-205

Step25 选择工具箱中的【横排文字工具】T，设置前景色为白色。分别在图像上输入文字，设置字体为【黑体】，按【Ctrl+Enter】组合键，完成文字的输入，如图 9-206 所示。

图 9-206

Step26 选择工具箱中的【椭圆工具】，在选项栏中选择【像素】选项，设置前景色为白色，按住【Shift】键，新建图层，绘制正圆。选择工具箱中的【横排文字工具】T，设置前景色为黑色。在正圆上输入文字，如图 9-207 所示。

图 9-207

Step27 选择工具箱中的【横排文字工具】T，设置前景色为白色。分别在图像上输入文字，设置字体为【黑体】，按【Ctrl+Enter】组合键，完成文字的输入，如图 9-208 所示。

图 9-208

Step28 选择工具箱中的【移动工具】，将鼠标指针置于文字上，按住【Alt】键的同时进行拖动，复制文字。选择工具箱中的【横排文字工具】T，修改复制的文字内容，如图 9-209 所示。

图 9-209

Step29 按住【Ctrl+O】组合键，打开"素材文件 \ 第 9 章 \ 图标 .psd"文件。选择工具箱中的【移动工具】，将素材拖动到文字的前方，最终效果如图 9-210 所示。

图 9-210

Step30 接下来，将页尾上传到店铺。进入图片空间，将页尾图片上传到图片空间，单击图片下方的【复制链接】按钮，如图 9-211 所示。

图 9-211

Step31 进入装修页面，单击店铺尾部模块右上角的【编辑】按钮，如图 9-212 所示。

图 9-212

Step32 ❶ 在打开的对话框中单击【图片】按
钮，如图 9-213 所示。❷ 将图片空间中复制的
链接粘贴到图片地址文本框中，❸ 单击【确定】
按钮，如图 9-214 所示。

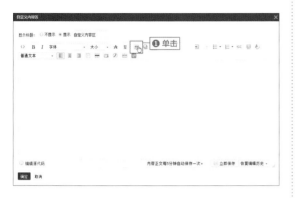

图 9-213

图 9-214

Step33 ❶ 单击【确定】按钮，如图 9-215 所
示。❷ 最后，单击【发布站点】按钮即可，如图
9-216 所示。

图 9-216

美工经验

为店铺添加背景音乐

在店铺中添加背景音乐可以烘托店铺的气氛，
让买家更长时间浏览店内宝贝。买家可以手动关
闭或打开背景音乐，非常人性化。为店铺添加背
景音乐的具体操作步骤如下。

Step01 进入淘宝网卖家中心页面，❶ 单击左
侧【软件服务】选项卡下的【我要订购】链接，
如图 9-217 所示。进入服务市场，❷ 在搜索栏中
输入文字【背景音乐】，❸ 单击【搜索】按钮进
行搜索，如图 9-218 所示。

图 9-217

图 9-218

Step02 ❶ 单击店铺背景音乐软件，如图 9-219 所示。❷ 选择购买时间，❸ 单击【立即购买】按钮进行购买，如图 9-220 所示。

图 9-219

图 9-220

Step03 ❶ 单击【同意并付款】按钮完成购买，如图 9-221 所示。进入淘宝网卖家中心页面，❷ 单击左侧【我订购的应用】右边的按钮 >，❸ 单击店铺背景音乐软件，如图 9-222 所示。

图 9-221

图 9-222

Step04 ❶ 单击【乐库搜索】标签，如图 9-223 所示。❷ 在【关键字】文本框中输入歌曲名称，❸ 单击【搜索】按钮进行搜索，如图 9-224 所示。

图 9-223

图 9-224

Step05 ❶ 单击歌曲后面的【添加】按钮，如图 9-225 所示。❷ 在弹出的提示框中单击【确定】按钮，如图 9-226 所示。

关键字	we	搜索		
歌曲	大小	时间		操作
We - With The Stars As An Audience - 纯音乐版	0.00M	0.00分钟	❶单击	试听 | 添加
P-Money - We! - Dem Ni**az	0.00M	0.00分钟		试听 | 添加
We - I Feel Worn Down	0.00M	0.00分钟		试听 | 添加
Poolsight - We(Hi-Lo-Fi's Got the Funk Remix)	0.00M	0.01分钟		试听 | 添加
MAC MILLER、CeeLo Green - We	0.00M	0.01分钟		试听 | 添加
丁可 - We	0.00M	0.00分钟		试听 | 添加
We - A Memento In Her Hand	0.00M	0.01分钟		试听 | 添加
We - They Speak Themselves	0.00M	0.00分钟		试听 | 添加
DJ 张扬 - 曲 目-15++++++++++We+Will+Rock+You+I+love+Rock+N+Roll+++++DJ+King-	0.00M	0.00分钟		试听 | 添加
we - 傻傻调	0.00M	0.00分钟		试听 | 添加
«上一页 1 2 3 4 5 下一页 »				

图 9-225

120.26.193.119 显示：

设置成功！

❷ 单击

确定

图 9-226

Step06 ❶ 在【排序】文本框中输入序列号，❷ 单击【保存】按钮，如图 9-227 所示。❸ 在弹出的提示框中单击【确定】按钮，如图 9-228 所示。

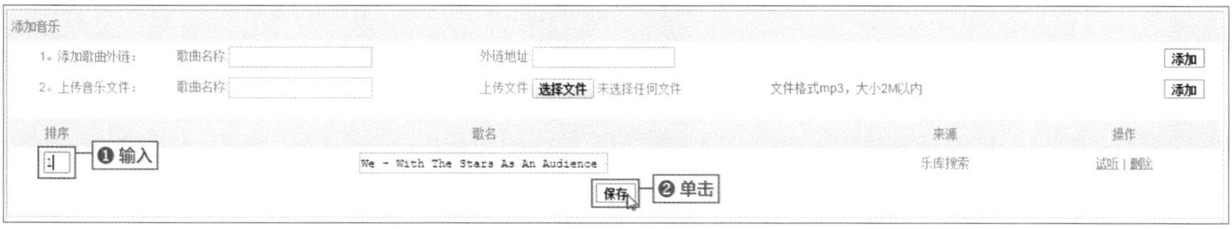

添加音乐				
1、添加歌曲外链：	歌曲名称	外链地址		添加
2、上传音乐文件：	歌曲名称	上传文件 选择文件 未选择任何文件	文件格式mp3, 大小2M以内	添加
排序		歌名	来源	操作
1 ❶输入		We - With The Stars As An Audience	乐库搜索	试听 | 删除
	保存 ❷单击			

图 9-227

120.26.193.119 显示：

修改成功

❸ 单击

确定

图 9-228

Step07 进入淘宝网卖家中心页面，❶ 单击左侧【店铺管理】选项卡下的【店铺装修】链接，如图 9-229 所示。进入装修页面，❷ 单击【我购买的模块】右边的按钮 ∨，❸ 将【店铺背景】模块拖动到需要的位置即可，如图 9-230 所示。

图 9-229   图 9-230

第 10 章
实战：产品详情页设计

本章导读

　　详情页设计对于店铺的成交起着至关重要的作用，那么，如何设计详情页并将其上传到网店，上传的过程中有什么细节要注意呢？带着这些问题，下面进入本章的学习。

知识要点

　　通过本章内容的学习，大家能够认识到详情页设计的重要性。学完后需要掌握的相关技能知识如下。

▲ 详情页整体设计

▲ 将详情页切片优化上传

10.1 详情页整体设计

详情页就是详细介绍宝贝情况的页面，其中包含了产品及要传达给顾客的所有信息，好的详情页能进一步激发顾客的购买欲望。详情页设计是整个产品销售过程中的重点，详情页设计的好坏决定了宝贝的转化率。本节将通过一些案例介绍详情页各板块的设计方法。

10.1.1 详情页布局设计

页面布局是设计任何页面所必须做的，本案例通过介绍布局的思路和方法制作一个简单的案例，主要通过标尺、矩形工具和文字工具的使用，设计出详情页中各项内容的放置区域，最后置入需要的产品素材，再完善细节，案例效果如图 10-1 所示。

图 10-1

图 10-1（续）

图 10-1（续）

具体操作步骤如下。

Step01　按【Ctrl+N】组合键，新建一个图像文件，在【新建】对话框中设置页面的宽度为 790 像素、高度为 2860 像素、分辨率为 72 像素 / 英寸。

Step02　执行【视图】→【新建参考线】命令，打开【新建参考线】对话框，在打开的对话框中设置参考线参数创建精确的参考线，如图 10-2 所示。如果不需要精确的参考范围，只需要选择工具箱中的【移动工具】，从标尺上方往下或从左侧往右拖出参考线，如图 10-3 所示。

图 10-2　　　　　　图 10-3

Step03　选择工具箱中的【矩形工具】，在选项栏设置自己喜欢的填充颜色，绘制各个区域范围，如图 10-4 所示。

Step04　选择工具箱中的【横排文字工具】，在选项栏设置相应的文字属性，在各区域上方输入此区域的放置内容，便于设计时直接放入，如图 10-5 所示。

图 10-4　　　　　　图 10-5

Step05　通过相同的方法使用矩形工具在画面中绘制出需要的内容区域，并使用【横排文字工具】输入相关的内容，如图 10-6 所示。

图 10-6

图 10-7（续）

10.1.2 产品整体展示设计

　　产品整体展示是位于详情页开头处，直接影响着详情页的好坏，下面通过一个案例介绍详情页中产品整体展示设计的方法，其效果如图 10-8 所示。

Step06　在各区域内进行产品详情页相应的设计即可，效果如图 10-7 所示。其具体的设计方法将在下面的案例中进行讲解。

图 10-7

图 10-8

　　具体操作步骤如下。

Step01　打开上例中的详情页布局模板。按【Ctrl+O】组合键，打开"素材文件 \ 第 10 章 \

素材 1.jpg"文件。选择工具箱中的【移动工具】，
将素材拖动到新建的文件中。

Step02　选择工具箱中的【椭圆工具】，在
选项栏中选择【像素】选项，设置前景色 RGB
值为【99、45、67】，新建图层，按住【Shift】
键，绘制一个正圆，如图 10-9 所示。在图层面板
中设置【填充】为【45%】，制作透明效果，如
图 10-10 所示。

图 10-9

图 10-10

Step03　选择工具箱中的【横排文字工具】，
设置前景色为白色。在图像上输入文字【出
发！】，在图层面板中设置文字的【不透明度】
为【80%】，如图 10-11 所示。

Step04　选择工具箱中的【钢笔工具】，在
选项栏中选择【像素】选项，新建图层，设置前
景色 RGB 值为【255、193、0】，绘制图 10-12
所示的闪电图形。

图 10-11

图 10-12

Step05　保持图层的选中状态，执行【图层】→
【图层样式】→【投影】命令，打开【投影】对话
框，❶ 设置参数如图 10-13 所示。❷ 单击【确
定】按钮，效果如图 10-14 所示。

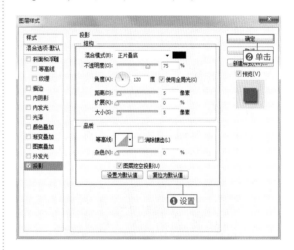

图 10-13

图 10-14

Step06 选择工具箱中的【横排文字工具】T，分别设置不同的颜色和字体，输入三行广告语，如图 10-15 所示。为第二行和第三行文字应用阴影效果，如图 10-16 所示。

图 10-15

图 10-16

Step07 按【Ctrl+O】组合键，打开"素材文件\第 10 章\杯子 1.psd"文件。选择工具箱中的【移动工具】，将素材拖动到新建的文件中，如图 10-17 所示。

图 10-17

Step08 按【Ctrl+O】组合键，打开"素材文件\第 10 章\草地.jpg"文件。选择工具箱中的【移动工具】，将素材拖动到新建的文件中。新建图层，选择工具箱中的【矩形工具】，在选项栏中选择【像素】选项，设置前景色 RGB 值为【255、193、0】，拖动鼠标指针，绘制一个黄色矩形。再新建一个图层，设置前景色为白色，绘制一个白色矩形。同时选中两个矩形所在的图层，单击选项栏中的【水平居中对齐】按钮，将两个矩形对齐，如图 10-18 所示。

图 10-18

Step09 执行【窗口】→【动作】命令，打开动作面板。❶ 单击动作面板下方的【创建新动作】按钮，如图 10-19 所示，弹出如图 10-20 所示的【新建动作】对话框，❷ 单击【记录】按钮，开始记录动作。

图 10-19

图 10-20

Step10 选择工具箱中的【移动工具】▶╋，将鼠标指针置于矩形上，按住【Shift+Alt】组合键的同时向右进行拖动，水平复制矩形，如图 10-21 所示。单击动作面板下方的【停止播放 / 记录】按钮■，停止记录。单击两次动作面板下方的播放按钮▶，如图 10-22 所示。

图 10-21

图 10-22

Step11 此时，重复复制了几个等距的矩形，如图 10-23 所示。按【Ctrl+O】组合键，打开"素材文件 \ 第 10 章 \ 杯子 2.psd"文件。选择工具箱中的【移动工具】▶╋，将素材拖动到新建的文件中，放置 4 个杯子到 4 个矩形上，如图 10-24 所示。

图 10-23

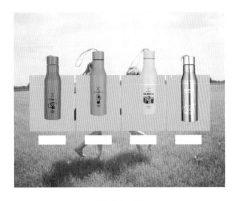

图 10-24

Step12 按住【Ctrl】键，在图层面板中同时选中 4 个杯子所在的图层，单击选项栏中的【顶对齐】按钮▜和【水平居中分布】按钮╟╢将它们对齐并等距分布，如图 10-25 所示。

图 10-25

Step13 选择工具箱中的【横排文字工具】**T**，分别在 4 个白色矩形上单击，在出现的文本框中输入文字，设置字体为【黑体】，如图 10-26 所示。

图 10-26

Step14　选择工具箱中的【横排文字工具】**T**，在图像上输入广告文字，设置英文字体为【Modern No.20】、中文字体为【黑体】，如图 10-27 所示。

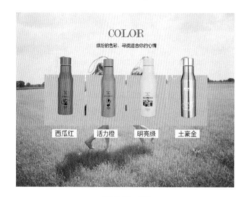

图 10-27

Step15　按【Ctrl+O】组合键，打开"素材文件 \ 第 10 章 \ 天空 .jpg"文件。选择工具箱中的【移动工具】**▶⊕**，将素材拖动到新建的文件中，如图 10-28 所示。

图 10-28

Step16　按【Ctrl+R】组合键，显示标尺，拖出一条垂直辅助线和一条水平辅助线。新建图层，选择工具箱中的【椭圆工具】**⬭**，在选项栏中选择【像素】选项，设置前景色为白色，按【Alt+Shift】组合键，以辅助线的交点为起点绘制一个正圆，如图 10-29 所示。

Step17　按住【Ctrl】键的同时，单击圆所在的图层，载入选区。选择工具箱中的【矩形选框工具】**⬚**，在选项栏中单击【与选区交叉】按钮**⬚**，在图 10-30 所示的位置拖动。

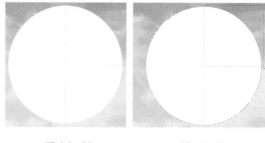

图 10-29　　　　　　图 10-30

Step18　释放鼠标后得到一个饼形选区，如图 10-31 所示。新建图层，设置前景色 RGB 值为【255、193、0】，按【Alt+Delete】组合键填充前景色，按【Ctrl +D】组合键取消选区，如图 10-32 所示。

图 10-31　　　　　　图 10-32

Step19　按【Ctrl+J】组合键复制饼形，按【Ctrl+T】组合键的同时右击饼形，在弹出的快捷菜单中选择【垂直翻转】命令，再次右击饼形，在弹出的快捷菜单中选择【水平翻转】命令，按【Enter】键确定，再将翻转后的饼形放到图 10-33 所示的位置。

Step20　选中白色圆所在的图层，单击图层面板下方的【添加图层样式】按钮 fx，在弹出的快捷菜单中选择【投影】命令应用投影效果，如图 10-34 所示。

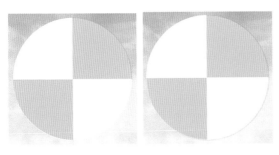

图 10-33　　　　　图 10-34

Step21　按【Ctrl+O】组合键，打开"素材文件\第10章\场景素材.psd"文件。选择工具箱中的【移动工具】，将素材拖动到新建的文件中。

Step22　分别在两张素材所在的图层上右击，在弹出的快捷菜单中选择【创建剪贴蒙版】命令，图像效果如图 10-35 所示。

Step23　选择工具箱中的【横排文字工具】T，在图像上输入一组文字，设置字体为【黑体】，如图 10-36 所示。

图 10-35　　　　　图 10-36

Step24　复制文字，选择工具箱中的【横排文字工具】T，激活文字，修改文字的内容，如图 10-37 所示。选择工具箱中的【多边形套索工具】，绘制图 10-38 所示的选区。

图 10-37

图 10-38

Step25　选中天空素材所在的图层，单击【图层】面板下方的【创建新的填充或调整图层】按钮，在弹出的快捷菜单中选择【色阶】命令，在弹出的【属性】面板中设置参数，如图 10-39 所示，图像效果如图 10-40 所示。

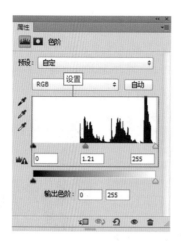

图 10-39

图 10-40

Step26 选择工具箱中的【多边形套索工具】，绘制图 10-41 所示的选区。选中天空素材所在的图层，按【Delete】键删除选区内的内容，按【Ctrl+D】组合键取消选区，如图 10-42 所示。

图 10-41

图 10-42

Step27 按【Ctrl+O】组合键，打开"素材文件＼第10章＼场景素材2.jpg"文件。选择工具箱中的【移动工具】，将素材拖动到新建的文件中，如图 10-43 所示。

图 10-43

Step28 单击图层面板下方的【添加蒙版】按钮，选择工具箱中的【渐变工具】，在选项栏中单击【线性渐变】按钮，在【渐变编辑器】对话框中设置图 10-44 所示的渐变色。

Step29 在素材上从上向下拖动鼠标指针，得到如图 10-45 所示的效果。选择工具箱中的【直线工具】，在选项栏中选择【像素】选项，新建图层，按住【Shfit】键，绘制图 10-46 所示的直线。

图 10-44

图 10-45

图 10-46

Step30 单击图层面板下方的【添加蒙版】按钮██，选择工具箱中的【渐变工具】██，在选项栏中单击【线性渐变】按钮██，在【渐变编辑器】对话框中设置图 10-47 所示的渐变色。在直线上从中心向右拖动鼠标指针，如图 10-48 所示。

Step31 释放鼠标后的效果如图 10-49 所示。复制直线，按【Ctrl+T】组合键调整其高度，按

【Enter】键确认。执行【滤镜】→【模糊】→【高斯模糊】命令，打开【高斯模糊】对话框，❶ 设置参数如图 10-50 所示，❷ 单击【确定】按钮。

图 10-47

图 10-48

图 10-49

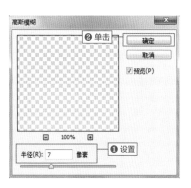

图 10-50

Step32 模糊后的图像如图10-51所示。移动模糊的图形的位置，让直线居于图形的中间。选择工具箱中的【矩形选框工具】﹝﹞，绘制图10-52所示的选区。

图10-51

图10-52

Step33 按【Delete】键删除选区内的图形，按【Ctrl+D】组合键取消选区，如图10-53所示。按【Ctrl+O】组合键，打开"素材文件＼第10章＼杯子3.psd"文件。

图10-53

Step34 选择工具箱中的【移动工具】﹏，将素材拖动到新建的文件中，最终效果如图10-54所示。

图10-54

10.1.3 产品细节设计

产品细节模板主要用于展示产品做工、款式等细节问题，展示方式主要通过将产品做工区域放大显示，并配上合适的文字说明，本例案例效果如图 10-55 所示。

图 10-55

具体操作步骤如下。

Step01 新建图层，选择工具箱中的【矩形工具】，在选项栏中选择【像素】选项，设置前景色为浅灰，拖动鼠标指针，在产品细节展示区域绘制灰色矩形作为背景。

Step02 按【Ctrl+O】组合键，打开"素材文件 \ 第 10 章 \ 细节图 1.psd"文件。选择工具箱中的【移动工具】，将素材拖动到新建的文件中，如图 10-56 所示。

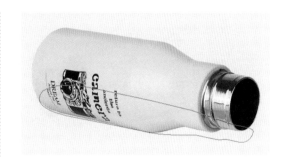

图 10-56

Step03 选择工具箱中的【钢笔工具】，在选项栏中选择【路径】选项，绘制图 10-57 所示的路径。按【Ctrl+Enter】组合键，将路径转换为选区。设置前景色为黑色，按【Alt+Delete】组合键填充前景色，按【Ctrl +D】组合键取消选区，如图 10-57 所示。

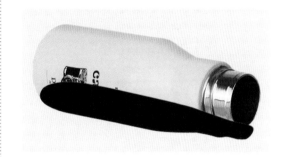

图 10-57

Step04 单击图层面板下方的【添加蒙版】按钮，选择工具箱中的【渐变工具】，在选项栏中单击【线性渐变】按钮，设置白色到黑色的渐变色，在图 10-58 所示的位置由左向右拖动，释放鼠标后的效果如图 10-59 所示。

图 10-58

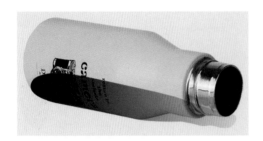

图 10-59

Step05 在其图层上右击，❶ 在弹出的快捷菜单中选择【应用图层蒙版】命令，如图 10-60 所示。执行【滤镜】→【模糊】→【高斯模糊】命令，❷ 打开【高斯模糊】对话框，设置参数如图 10-61 所示，❸ 单击【确定】按钮。

图 10-60

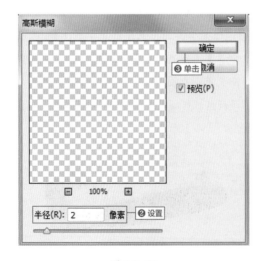

图 10-61

Step06 此时，投影效果如图 10-62 所示。调整投影的顺序到杯子的下方，如图 10-63 所示。

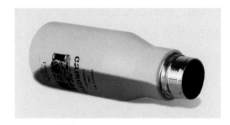

图 10-62

图 10-63

Step07 选择工具箱中的【横排文字工具】**T**，在图像上输入说明文字，如图 10-64 所示。选择工具箱中的【直线工具】，在选项栏中选择【像素】选项，新建图层，按住【Shfit】键，分别绘制两段直线。

图 10-64

Step08 选择工具箱中的【椭圆工具】，在选项栏中选择【像素】选项，设置前景色为黑色，按住【Shift】键，在直线的顶端绘制一个正圆，如图 10-65 所示。

图 10-65

Step09 按【Ctrl+J】组合键复制直线，按【Ctrl+T】组合键的同时右击直线，在弹出的快捷菜单中选择【垂直翻转】命令，按【Enter】键确定，再将翻转后的素材向右水平移动，如图10-66 所示。

图 10-66

Step10 按【Ctrl+O】组合键，打开"素材文件\第 10 章\细节图 2.psd"文件，选择工具箱中的【移动工具】，将素材拖动到新建的文件中。用前面相同的方法为其制作投影，如图10-67 所示。

图 10-67

Step11 调整投影的顺序到杯盖的下方，如图10-68 所示。用相同的方法绘制一条直线和圆点，

如图 10-69 所示。

图 10-68

图 10-69

Step12 选择工具箱中的【横排文字工具】，在图像上输入细节说明文字，如图 10-70 所示。

图 10-70

Step13 按【Ctrl+O】组合键，打开"素材文件\第 10 章\细节图 3.psd"文件，选择工具箱中的【移动工具】，将素材拖动到新建的文件中。用前面相同的方法为其制作投影，如图10-71 所示。

Step14 调整投影的顺序到杯子内胆的下方，如图 10-72 所示。选择工具箱中【横排文字工具】，在图像上输入文字，将它们水平居中对齐，如图 10-73 所示。

图 10-71

图 10-72

图 10-73

图 10-74

Step15 按【Ctrl+J】组合键复制前面绘制的直线图形，按【Ctrl+T】组合键的同时右击素材，在弹出的快捷菜单中选择【垂直翻转】命令，按【Enter】键确定，再将翻转后的素材向下移动，放到图 10-74 所示的位置。本例最终效果如图 10-75 所示。

图 10-75

10.1.4　产品介绍

在详情页中不仅要展示产品，还要对产品的属性进行说明，以便于顾客了解产品。本例介绍了在 Photoshop 中设计产品介绍的方法，案例效果如图 10-76 所示。

图 10-76

具体操作步骤如下。

Step01　打开 Photoshop，按【Ctrl+N】组合键新建一个图像文件。按【Ctrl+O】组合键，打开"素材文件 \ 第 10 章 \ 食品 .psd"文件。选择工具箱中的【移动工具】，将素材拖动到新建的文件中，如图 10-77 所示。

图 10-77

Step02　选择工具箱中的【横排文字工具】，在图像上输入文字，上面字体设置为【叶根友毛笔行书】，下面字体设置为【黑体】，如图 10-78 所示。

图 10-78

Step03　选择工具箱中的【横排文字工具】，在标题文字下方添加一条虚线，选中输入的内容，按住【Alt】键的同时按向右的箭头，可以调整字间距，如图 10-79 所示。

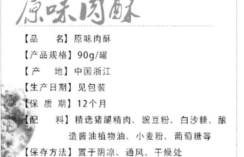

图 10-79

Step04　按【Ctrl+O】组合键，打开"素材文件 \ 第 10 章 \ 店招素材 .psd"文件。选择工具箱中的【移动工具】，将素材拖动到新建的文件中，如图 10-80 所示。

图 10-80

Step05 新建图层，选择工具箱中的【矩形工具】■，在选项栏中选择【像素】选项，设置前景色为橘色，绘制图 10-81 所示的矩形。

图 10-81

Step06 选择工具箱中的【横排文字工具】T，在图像上输入文字，上面字体设置为【方正综艺简体】，下面字体设置为【黑体】，如图 10-82 所示。

图 10-82

Step07 新建图层，选择工具箱中的【矩形工具】■，在选项栏中选择【像素】选项，设置前景色为橘色，绘制矩形。单击图层面板下方的【添加图层样式】按钮 fx，在弹出的快捷菜单中选中

【描边】复选框，❶ 在弹出的【图层样式】对话框中设置参数如图 10-83 所示。❷ 单击【确定】按钮，得到如图 10-84 所示的描边矩形。

图 10-83

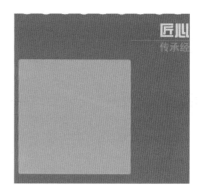

图 10-84

Step08 选择工具箱中的【移动工具】▶╋，将鼠标指针置于矩形上，按住【Alt】键的同时进行拖动，复制两个矩形，如图 10-85 所示。

图 10-85

Step09 按【Ctrl+O】组合键，打开"素材文件＼第 10 章＼食品素材 1.jpg"文件。选择工具箱

中的【移动工具】▶♦，将素材拖动到新建的文件中，如图 10-86 所示。

图 10-86

Step10 在此图层的图层名称上右击，在弹出的快捷菜单中选择【创建剪贴蒙版】命令，图像效果如图 10-87 所示。

图 10-87

Step11 按【Ctrl+O】组合键，打开"素材文件 \ 第 10 章 \ 食品素材 2、食品素材 3.jpg"文件。将其拖动到新建的文件中后用相同的方法创建剪贴蒙版，如图 10-88 所示。

图 10-88

Step12 选择工具箱中的【横排文字工具】**T**，在图像上输入文字，设置字体为【方正粗倩简体】，如图 10-89 所示。

图 10-89

Step13 选择工具箱中的【椭圆工具】◯，在选项栏中选择【像素】选项，设置前景色为白色，新建图层，按住【Shift+Alt】组合键的同时，拖动鼠标指针绘制圆，复制多个圆，如图 10-90 所示。

图 10-90

Step14 选择工具箱中的【横排文字工具】**T**，设置前景色为橘色。在图像上输入文字，设置字体为【方正粗倩简体】，最终效果如图 10-91 所示。

图 10-91

10.1.5 产品特色卖点

本例为产品特色卖点展示区设计，可以放置一些带感情色彩的文字内容以引起顾客的认同感，要突出产品与众不同的卖点，案例效果如图 10-92 所示。

图 10-92

具体操作步骤如下。

Step01 打开 Photoshop，按【Ctrl+N】组合键，新建一个图像文件。新建图层 1，设置前景色为蓝色，按【Alt+Delete】组合键填充前景色，如图 10-93 所示。

图 10-93

Step02 双击背景图层将其解锁，生成图层 0，调整图层 0 到图层 1 的上方。单击图层面板下方的【添加蒙版】按钮，选择工具箱中的【渐变工具】，设置颜色为黑、白、黑的渐变色，如图 10-94 所示。

图 10-94

Step03 在选项栏中单击【线性渐变】按钮，从左向右水平拖动鼠标指针，释放鼠标后得到如图 10-95 所示的效果。

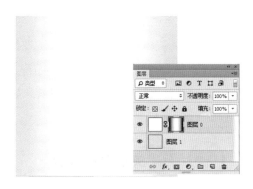

图 10-95

Step04 按【Ctrl+O】组合键，打开"素材文件\第 10 章\图标.psd"文件。选择工具箱中的【移动工具】，将素材拖动到新建的文件中，如图 10-96 所示。

图 10-96

Step05 选择工具箱中的【钢笔工具】，在选项栏中选择【路径】选项，沿图标弧度绘制路径。选择工具箱中的【横排文字工具】，设置颜色为浅蓝色，捕捉到路径时单击，在出现的文本框中输入文字，如图 10-97 所示。

图 10-97

Step06 选中文字图层，单击图层面板下方的【添加图层样式】按钮，在弹出的快捷菜单中选中【投影】复选框，❶ 在弹出的【图层样式】对话框中设置参数，如图 10-98 所示，❷ 单击【确定】按钮。

图 10-98

Step07 此时文字效果如图 10-99 所示。选择工具箱中的【横排文字工具】，在图像上输入文字，设置字体为【黑体】，如图 10-100 所示。

图 10-99

图 10-100

Step08 选择工具箱中的【横排文字工具】，分别设置前景色为蓝色和灰色。在图像上输入文字，设置字体为【黑体】，如图 10-101 所示。分别使用椭圆工具和直线工具绘制圆和直线，如图 10-102 所示。

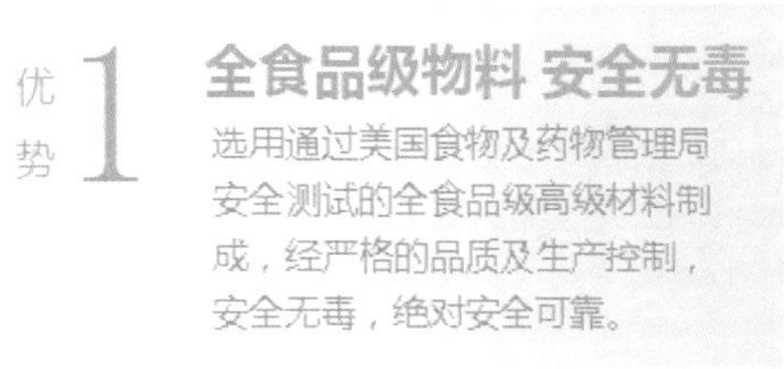

优
势
1
全食品级物料 安全无毒
选用通过美国食物及药物管理局
安全测试的全食品级高级材料制
成，经严格的品质及生产控制，
安全无毒，绝对安全可靠。

图 10-101

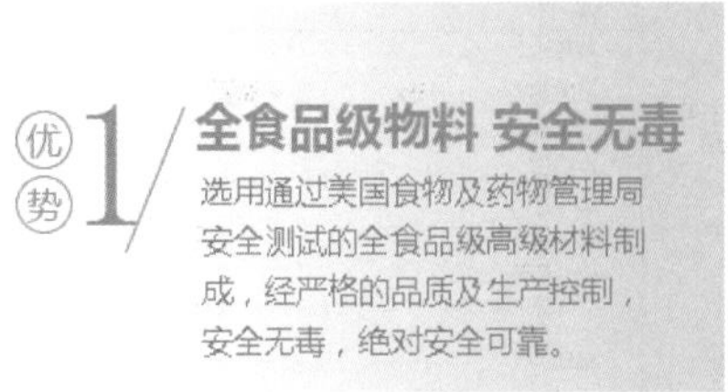

图 10-102

Step09 复制两组文字，选择工具箱中的【横排文字工具】**T**，激活文字，修改文字的内容，如图 10-103 所示。

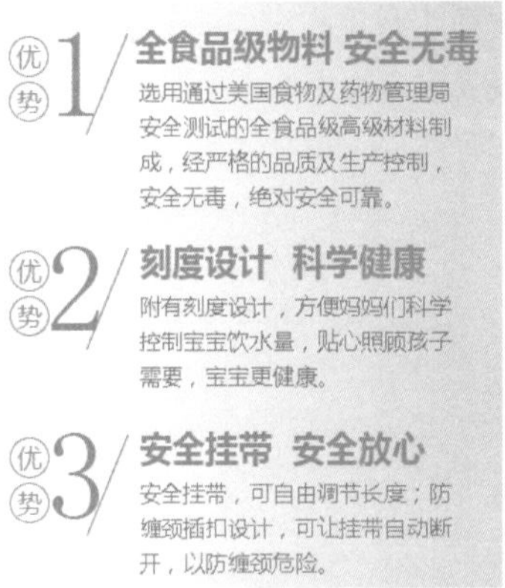

图 10-103

Step10 按【Ctrl+O】组合键，打开"素材文件 \ 第 10 章 \ 杯子.psd"文件。选择工具箱中的【移动工具】**▶⁴**，将素材拖动到新建的文件中，最终效果如图 10-104 所示。

图 10-104

10.1.6 产品售后说明

本例为一服装类目的售后说明区域设计，重点设计了退换货区域，让顾客能安心购物。最后再暗示顾客对产品 5 分好评，案例效果如图 10-105 所示。

图 10-105

具体操作步骤如下。

Step01 打开 Photoshop，按【Ctrl+N】组合键，新建一个图像文件。按【Ctrl+O】组合键，打开"素材文件 \ 第 10 章 \ 保障图标.psd"文件。选择工具箱中的【移动工具】**▶⁴**，将素材拖动到新建的文件中。

Step02 选择工具箱中的【钢笔工具】**✑**，在选项栏中选择【路径】选项，在图标的右方绘制数字路径，如图 10-106 所示。按【Ctrl+Enter】组合键，将路径转换为选区。选择工具箱中的【渐变工具】**▬**，从右上角向左下角拖动鼠标指针，填充不同程度红色的渐变色，取消选区后效果如图 10-107 所示。

图 10-106

图 10-107

Step03　单击图层面板下方的【添加图层样式】按钮 **fx**，在弹出的快捷菜单中选中【斜面和浮雕】复选框，❶ 在弹出的【图层样式】对话框中设置参数，如图 10-108 所示，❷ 单击【确定】按钮，立体效果如图 10-109 所示。

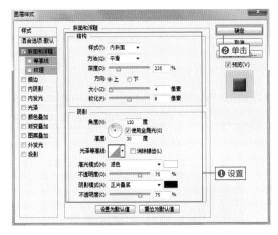

图 10-108

图 10-109

Step04　选择工具箱中的【横排文字工具】**T**，设置前景色为黑色。在图像上输入文字，设置字体为【方正综艺简体】，如图 10-110 所示。

图 10-110

Step05　选择工具箱中的【矩形工具】，在选项栏中选择【形状】选项，设置前景色为洋红，绘制如图 10-111 所示的两个矩形。

图 10-111

Step06　选择工具箱中的【横排文字工具】**T**，设置前景色为洋红色。选择工具箱中的【横排文字工具】**T**，在图像上添加一条虚线，单击选项栏中的【切换文本取向】按钮，切换方向为竖向。选中输入的内容，按住【Alt】键的同时按向下的箭头，可以调整字间距，如图 10-112 所示。

图 10-112

Step07　复制几个符号，如图 10-113 所示。选择工具箱中的【横排文字工具】**T**，设置前景色为白色。在图像上输入文字，设置字体为【方正粗倩简体】，如图 10-114 所示。

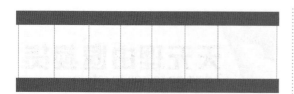

图 10-113

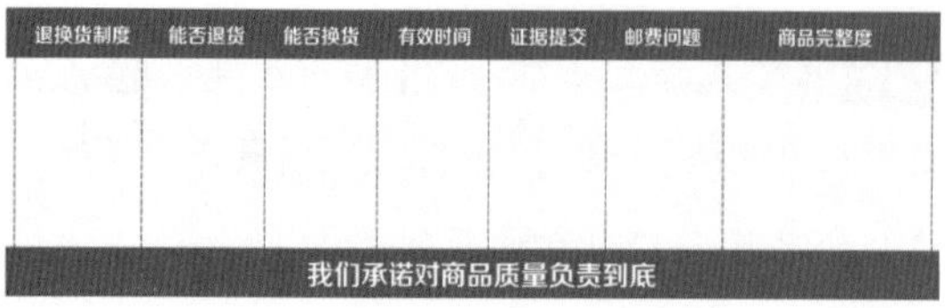

图 10-114

图 10-117 　　　　图 10-118

Step08 选择工具箱中的【横排文字工具】**T**，设置前景色为黑色。在图像上输入文字，设置字体为【黑体】，如图 10-115 所示。

退换货制度	能否退货	能否换货	有效时间	证据提交	邮费问题	商品完整度
质量问题	能	能	7天	需要拍图	卖家承担	不能人为破坏
发错货品	能	能	7天	需要拍图	卖家承担	不能人为破坏
大小问题	能	能	7天	需要拍图	买家承担	商品完好,吊牌/包装齐全
喜好问题	能	能	7天	需要拍图	买家承担	商品完好,吊牌/包装齐全
我们承诺对商品质量负责到底						

图 10-115

Step09 选择工具箱中的【矩形选框工具】▢，绘制选区，填充不同程度的黄色渐变色后取消选区，如图 10-116 所示。

图 10-116

Step10 选择工具箱中的【横排文字工具】**T**，分别在图像上输入数字【5】和文字。

Step11 在图层面板中将数字所在的图层栅格化。选择工具箱中的【矩形选框工具】▢，绘制图 10-117 所示的选区。按【Delete】键，删除选区内的图像，按【Ctrl+D】组合键取消选区，如图 10-118 所示。

Step12 选择工具箱中的【横排文字工具】**T**，设置前景色为黄色，分别在图像上输入文字，如图 10-119 所示。

图 10-119

Step13 按【Ctrl+O】组合键，打开"素材文件 \ 第 10 章 \ 售后素材 .psd"文件。选择工具箱中的【移动工具】▶╋，将素材拖动到新建的文件中，如图 10-120 所示。

图 10-120

Step14 选择工具箱中的【横排文字工具】**T**，设置不同的前景色，分别在图像上输入文字，如图 10-121 所示。

Step15 按【Ctrl+O】组合键，打开"素材文件 \ 第 10 章 \ 五星 .psd"文件。选择工具箱中的【移动工具】▶╋，将素材拖动到新建的文件中，复制几组五星，最终效果如图 10-122 所示。

图 10-121

图 10-122

图 10-124

Step02 ❶单击视频，如图 10-125 所示。❷选择要购买的版本和时间，❸单击【立即购买】按钮完成购买，如图 10-126 所示。

美工经验

在详情页中添加视频

一个详情页只能发布一个视频，发布的视频时长要小于 10 分钟，视频支持 ts、mp4、mp3、mpeg、mpg、mkv、rm、rmvb、3gp、wav、wma、amr、mov 等格式。在详情页中添加视频的具体步骤如下。

Step01 ❶在卖家中心单击【软件服务】选项卡下的【我要订购】链接，如图 10-123 所示。❷进入服务市场，在文本框中输入【点点视频】，❸单击【搜索】按钮，如图 10-124 所示。

图 10-123

图 10-125

图 10-126

Step03 进入淘宝网卖家中心页面，❶单击左侧【我订购的应用】右边的按钮，❷选择【点点视频】软件，如图 10-127 所示。❸单击【视频上传】按钮，如图 10-128 所示。

图 10-127

图 10-128

Step04 ❶ 在视频上传区域单击，如图 10-129 所示。❷ 选择要上传的视频，❸ 单击【打开】按钮，如图 10-130 所示。

图 10-129

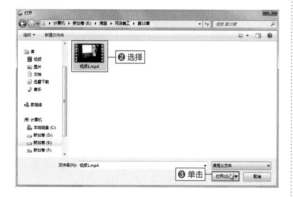

图 10-130

Step05 单击【保存并发布】按钮，如图 10-131 所示。上传成功后即可打开图 10-132 所示的页面。

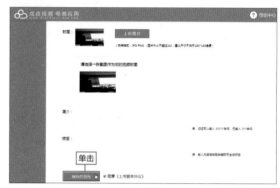

图 10-131

图 10-132

Step06 单击视频右方的【发布到店铺】按钮，如图 10-133 所示。

图 10-133

Step07 进入出售中的宝贝页面，单击要添加视频的宝贝右边的【编辑宝贝】按钮，如图 10-134 所示。

图 10-134

Step08 ❶ 单击【选择视频】按钮，如图 10-135 所示。❷ 此时，会显示刚才上传到店铺的视频，单击【插入】按钮，如图 10-136 所示。

图 10-135

图 10-136

Step09 单击页面下方的【确认】按钮，即可完成详情页的视频添加，如图 10-137 所示。

图 10-137

技术看板

店铺基础版可以在详情页中添加视频吗？任何类目都可以添加视频吗

　　店铺基础版不能在详情页中添加视频，需要订购专业版旺铺后才能使用视频。内衣类、医药类及其他天猫淘宝规则禁止售卖的商品，如仿真枪支、刀具等不能添加视频。

10.2 将详情页切片并优化上传

切片在网店装修中是不可或缺的一部分，一张大图在网页浏览中加载速度会很慢，可能导致顾客流失，切片就能很好地解决这一问题。

10.2.1 详情页切片

切片的作用是为了减小图片的体积，提高加载速度。切片可以在详情页中拖出参考线到指定位置后再进行切片，具体操作步骤如下。

Step01 按【Ctrl+O】组合键，打开"素材文件 \ 第 10 章 \ 详情页 .jpg"文件。按【Ctrl+R】组合键显示标尺，拖出图 10-138 所示的参考线。

图 10-138

Step02 选择工具箱中的【切片工具】 ，单击选项栏中的【基于参考线的切片】按钮，如图 10-139所示，切片后的效果如图 10-140 所示。

图 10-139　　　　　　　　　　　　　　　　图 10-140

Step03 对于一些不想切开的部分，可以切换到【切片选择工具】，按住【Shift】键，选中两个或多个切片并右击，在弹出的快捷菜单中选择【组合切片】命令，如图 10-141 所示，即组合切片，如图 10-142 所示，左右两个切片被组合。

图 10-141　　　　　　　　　　　　　　　　图 10-142

Step04 切片后执行【文件】→【存储为 Web 所用格式】命令，在【存储为 Web 所用格式】对话框右侧设置画面品质，对画面质量进行优化，单击【存储】按钮，如图 10-143 所示。

图 10-143

Step05 ❶ 在打开的对话框中输入文件名称，设置存储格式为【仅限图像】，❷ 单击【保存】按钮即可，如图 10-144 所示。

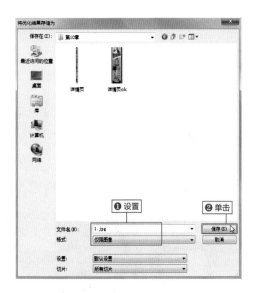

图 10-144

如何选择 Web 所用格式的保存格式

　　切片的存储分为两类，一类是"仅限图像"，即只单纯地保存图片，如详情页图片；另一类是连带 HTML 格式一起保存，用于首页装修添加热点。一般用于网页加载的图片均选择"存储为 Web 所用格式"。存储时的差别主要在于是否保留 HTML 文件，这取决于后期是否要修改代码或添加热点等。如果保存为"HTML 和图像"，存储后的文件将以两种形式存在，一种是以"Images"命名的图片文件夹，另一种是以"网址"命名的文件。

10.2.2　上传详情页

　　宝贝详情页可以在卖家中心上传，也可以安装"淘宝助理"上传详情页，本节介绍在卖家中心上传详情页的方法，具体操作步骤如下。

Step01 ❶ 在卖家中心单击【宝贝管理】选项卡下的【发布宝贝】链接，如图 10-145 所示。❷ 选择发布的宝贝所在的类目，❸ 选中【我已阅读以下规则，现在发布宝贝】单选按钮，如图 10-146 所示。

图 10-145

图 10-146

Step02 可以在发布的编辑区域内输入文字、插入图片，但是在此区域编辑排版不如专业的设计软件方便，因此通常先将整个详情页的文字、图片、版式设计好后，先切片做成几张图，再上传到编辑区域。❶ 进入详情页的编辑页面后单击【插入图片】按钮🖼，如图 10-147 所示，❷ 单击【上传新图片】按钮，❸ 单击【添加图片】按钮，如图 10-148 所示。

图 10-147

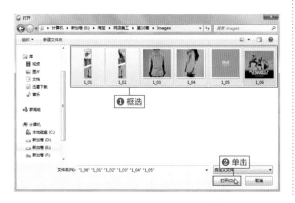

图 10-148

Step03 ❶ 在【打开】对话框中选择要上传的文件，可以用框选的方法同时选中多个文件，❷ 单击【打开】按钮，如图 10-149 所示。❸ 单击【插入】按钮，可一次全部插入图片，如图 10-150 所示。

图 10-149

图 10-150

Step04 此时，图片被插入宝贝描述编辑框中。所有设置完成后，单击最下方的【发布】按钮，即可发布宝贝并上传详情页，如图 10-151 所示。

图 10-151

美工经验

设置详情页店铺活动

使用详情页的【店铺活动】模块，可以将店铺上新活动在所有宝贝的详情页中展示，具体的操作步骤如下。

Step01 进入店铺装修页面，❶ 单击首页后面的下拉按钮✓，❷单击【默认宝贝详情页】链接，如图 10-152 所示。

图 10-152

Step02 ❶将鼠标指针置于左侧【店铺活动】模块上，❷按住鼠标左键不放拖动到图 10-153 所示的位置后，释放鼠标，即可添加模块。

图 10-153

Step03 添加的模块效果如图 10-154 所示。最后单击装修页面右上角的【发布站点】按钮即可，如图 10-155 所示。

图 10-154

图 10-155

第 11 章
实战：主图、推广图与海报设计

本章导读

主图、推广图与海报设计是吸引买家点击宝贝的关键，本章将学习使用 Photoshop 进行店铺主图、推广图、海报设计，希望读者学习后能举一反三，做好店铺主图、推广图、海报设计。

知识要点

通过本章内容的学习，大家能够学会主图、推广图与海报的设计方法。学完后需要掌握的相关技能知识如下。

▲ 主图设计

▲ 推广图设计

▲ 海报设计

11.1 主图设计

产品主图是顾客进入店铺的重要途径，能传递品牌形象和定位，上传之后最好不要经常更换以免影响产品搜索权重。

11.1.1 营销化主图设计

在进行营销化主图设计时一定要突出宝贝，不能让文字喧宾夺主。本例是一个吸尘器的主图设计，效果如图 11-1 所示。

图 11-1

具体操作步骤如下。

Step01 打开 Photoshop，按【Ctrl+N】组合键新建一个图像文件，在【新建】对话框中设置页面的宽度为 800 像素、高度为 800 像素、分辨率为 72 像素／英寸。选择工具箱中的【多边形套索工具】，绘制选区，填充为洋红色后取消选区，如图 11-2 所示。

Step02 选择工具箱中的【画笔工具】，设置画笔大小为 600 像素。新建图层，设置前景色为白色，在文件上单击后如图 11-3 所示。

图 11-2   图 11-3

Step03 在图层面板上设置其不透明度为43%，效果如图 11-4 所示。按【Ctrl+O】组合键，打开"素材文件＼第 11 章＼宝贝图片 .psd"文件。选择工具箱中的【移动工具】，将素材拖动到新建的文件中，如图 11-5 所示。

图 11-4

图 11-5

Step04 选择工具箱中的【钢笔工具】，在选项栏中选择【路径】选项，在文件的右上角绘制路径，按【Ctrl+Enter】组合键，将路径转换为选区。选择工具箱中的【渐变工具】，从上向下拖动鼠标指针，填充紫色到浅紫的渐变色，取消选区后效果如图 11-6 所示。

Step05　设置前景色 RGB 值为【193、103、253】，选择工具箱中的【钢笔工具】，在选项栏中选择【形状】选项，绘制图 11-7 所示的路径。

图 11-6　　　　　　　图 11-7

Step06　选择工具箱中的【钢笔工具】，在选项栏中选择【路径】选项，沿图形绘制路径。选择工具箱中的【横排文字工具】，设置前景色为白色。当光标捕捉到路径时单击，在出现的文本框中输入文字，设置字体为【造字工房力黑】，如图 11-8 所示。

图 11-8

Step07　选择工具箱中的【横排文字工具】，在图像上输入文字，上面字体设置为【造字工房力黑】，下面字体设置为【方正兰亭超细黑简体】，如图 11-9 所示。

图 11-9

Step08　按【Ctrl+O】组合键，打开"素材文件 \ 第 11 章 \ 光线 .psd"文件。选择工具箱中的【移动工具】，将素材拖动到文字上，如图 11-10 所示。

图 11-10

Step09　选择工具箱中的【矩形选框工具】，选择工具箱中的【渐变工具】，从左向右拖动鼠标指针，填充浅紫色到紫色的渐变色，取消选区后效果如图 11-11 所示。

图 11-11

Step10　选择工具箱中的【矩形工具】，在选项栏中选择【形状】选项，分别设置前景色为白色和洋红色，绘制图 11-12 所示的两个矩形。

图 11-12

Step11　选择工具箱中的【横排文字工具】，设置不同的前景色，分别在图像上输入文字，如图 11-13 所示。

Step12　选择工具箱中的【横排文字工具】，设置前景色为白色，在图像上输入文字，如

图 11-14 所示。

图 11-13

图 11-14

Step13 单击选项栏中的【字符和段落面板】按钮，打开【字符和段落】面板，单击仿斜体按钮**T**，使文字倾斜，如图 11-15 所示，最终效果如图 11-16 所示。

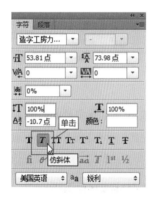

图 11-15

图 11-16

11.1.2 场景化主图设计

为了拉近产品与客户的亲近感，可以将产品置于使用场景中展示，本例场景化主图设计的效果如图 11-17 所示。

图 11-17

具体操作步骤如下。

Step01 打开 Photoshop，按【Ctrl+N】组合键新建一个图像文件，在【新建】对话框中设置页面的宽度为 800 像素、高度为 800 像素、分辨率为 72 像素／英寸。

Step02 按【Ctrl+O】组合键，打开"素材文件＼第 11 章＼房间 .jpg"文件。选择工具箱中的【移动工具】，将素材拖动到主图文件中，如图 11-18 所示。

图 11-18

Step03　选择工具箱中的【钢笔工具】 ✐ ，在选项栏中选择【像素】选项，设置前景色 RGB 值为【213、170、115】，新建图层，绘制图 11-19 所示的图形。

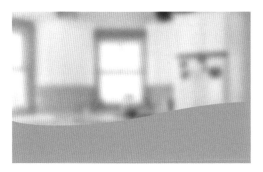

图 11-19

Step04　选择工具箱中的【画笔工具】 ✐ ，选择柔边画笔。新建图层，设置前景色为白色，在主图底部单击，效果如图 11-20 所示。在图层面板中设置其【图层混合模式】为【叠加】，效果如图 11-21 所示。

图 11-20

图 11-21

Step05　按【Ctrl+O】组合键，打开"素材文件 \ 第 11 章 \ 豆浆机 .psd"文件。选择工具箱中的【移动工具】 ▸♣ ，将素材拖动到新建的文件中，如图 11-22 所示。

图 11-22

Step06　按【Ctrl+O】组合键，打开"素材文件 \ 第 11 章 \ 豆子 .psd"文件。选择工具箱中的【移动工具】 ▸♣ ，将素材拖动到豆浆机的下面一层，如图 11-23 所示。

图 11-23

Step07　选择工具箱中的【横排文字工具】 **T** ，在图像上输入文字，设置字体为【造字工房力黑】，如图 11-24 所示。

Step08 保持图层的选中状态，执行【图层】→
【图层样式】→【描边】命令，打开【图层样式】
对话框，❶ 设置描边色为橘色，❷ 其他参数设置
如图 11-25 所示。

图 11-24

图 11-25

Step09 选中对话框左边的【渐变叠加】复选
框，❶ 设置渐变色为黄色到白色再到黄色的渐变
色、角度为【-32】度，❷ 单击【确定】按钮，
如图 11-26 所示，文字效果如图 11-27 所示。

图 11-26

图 11-27

Step10 选择工具箱中的【横排文字工具】 **T**，
设置前景色为白色。在图像上输入文字，设置字
体为【方正综艺简体】。

Step11 保持图层的选中状态，执行【图层】→
【图层样式】→【描边】命令，打开【图层样式】
对话框，❶ 设置描边色为橘色，❷ 其他参数设置
如图 11-28 所示。❸ 单击【确定】按钮，文字效
果如图 11-29 所示。

图 11-28

图 11-29

Step12　选择工具箱中的【钢笔工具】 ✐ ，在选项栏中选择【像素】选项，设置前景色 RGB 值为【225、111、39】，新建图层，在文字的左上角绘制图 11-30 所示的图形。

图 11-30

Step13　按【Ctrl+J】组合键复制图形，按【Ctrl+T】组合键的同时右击图形，在弹出的快捷菜单中选择【垂直翻转】命令，再右击后选择【水平翻转】命令，按【Enter】键确定后移到文字的右下角，如图 11-31 所示。

图 11-31

Step14　选择工具箱中的【自定形状工具】 ✿ ，❶ 再单击选项栏上的形状图形下拉按钮，打开【形状】面板，❷ 在【形状】面板上选择图 11-32 所示的图形。❸ 在选项栏中填充图标上单击，❹ 设置填充色为黄色到橘色的渐变色，如图 11-33 所示。

Step15　在选项栏中选择【像素】选项，新建图层，拖动鼠标指针绘制图 11-34 所示的图形。选择工具箱中的【横排文字工具】 T ，设置前景色为白色。在图像上输入文字，上面文字字体设置为【黑体】，下面文字字体设置为【方正综艺简体】，最终效果如图 11-35 所示。

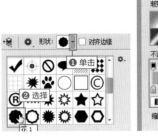

图 11-32　　　　　　　　图 11-33

图 11-34

图 11-35

美工经验

网店主图的三大展示方式

　　网店中宝贝的主图展示方式有各种各样的，店家会根据自己的产品特征选择符合自己产品的展示方式，突出展品卖点，提高点击率和转化率，下面介绍网店主图的三大展示方式。

1. 信息分层

信息分层就是将主图中的信息按照重要程度进行一层一层的优先展示，要确定将什么信息重点展示，再展示什么，最后展示什么。

如图 11-36 所示，从图中可看出最优先展示的是产品图片，它在整个画面中是最突出的，颜色与背景对比也很强烈。最优先展示产品，再是优惠信息，然后展示品牌。整个主图中信息的先后展示顺序明显，主题明确。

图 11-36

这样展示的目的是将产品最有优势的点进行优先展示，让卖家最先看到。例如，产品性价比高，那么就优先展示价格；产品品牌效应强，就优先展示产品品牌。当然，也要根据实际情况，对主图的信息分层进行有效合理的展示。

2. 品牌宣传

天猫店铺将品牌 LOGO 放置于主图左上角，这样做不仅仅是为了天猫规则，更是为了品牌的宣传。特别是对线下有一定基础的品牌，转到线上后，将品牌 LOGO 统一放置在主图左上角，使了解此品牌的老顾客快速识别，唤醒老顾客的记忆。也能吸引新顾客的关注和消费，对品牌的

塑造和宣传起到很大的作用。图 11-37 所示为将 LOGO 展示在主图中的效果，让顾客对自己的产品加深印象。

图 11-37

3. 场景表现

将产品放进它的使用环境中，可以提升产品的表现力，使买家看到后就联想到自己在这个场景中的使用效果，就好像买家看到模特穿着衣服很好看，就能联想到自己穿着也是这么好看。所以，给合适的产品添加场景是必不可少的。如图 11-38 所示，将鞋放到地上，让人联想到自己穿着鞋走在路上的感觉。

图 11-38

11.2　推广图设计

推广图有直通车推广图和钻展推广图，本节将介绍在 Photoshop 中进行推广图设计的方法，希望读者学习之后能举一反三。

11.2.1　直通车推广图设计

直通车推广是淘宝使用得比较多的推广方式，和商品选款、关键词投放、时段和地域等都有重大联系，但直通车图视觉效果的重要性是毋庸置疑的，点击率的高低影响最终的推广效果，所以在设计上需要考虑更周全。尺寸是主图相同的方形图，主要用于单品推广。在进行直通车推广图的设计时，为了在众多的宝贝中脱颖而出，在设计时一定要注意色彩、版式等设计元素。本例是一个儿童开衫的主图设计，色彩活泼、布局整洁，效果如图 11-39 所示。

图 11-39

具体操作步骤如下。

Step01　打开 Photoshop，按【Ctrl+N】组合键新建一个蓝色背景的图像文件，在【新建】对话框中设置页面的宽度为 800 像素、高度为 800 像素、分辨率为 72 像素 / 英寸。选择工具箱中的【矩形工具】，在选项栏中选择【形状】选项，设置前景色为红色，绘制图 11-40 所示的矩形。

Step02　按【Ctrl+O】组合键，打开"素材文件 \ 第 11 章 \ 星空 .jpg"文件。选择工具箱中的【移动工具】，将素材拖动到新建的文件中，如图 11-41 所示。

图 11-40　　　　　　图 11-41

Step03　在图层面板中设置其【图层混合模式】为【强光】，效果如图 11-42 所示。选择工具箱中的【钢笔工具】，在选项栏中选择【形状】选项，设置描边色为白色、大小为 2 点，绘制图 11-43 所示的三角形。在图层面板此图层上右击，在弹出的快捷菜单中选择【删格化文字】命令，删格化图形。

图 11-42

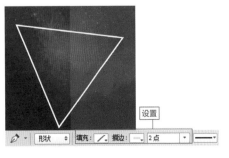

图 11-43

Step04 按【Ctrl+O】组合键，打开"素材文件＼第 11 章＼开衫 .psd"文件。选择工具箱中的【移动工具】，将素材拖动到新建的文件中，如图 11-44 所示。选择工具箱中的【多边形套索工具】，绘制如图 11-45 所示的选区。

图 11-44

图 11-45

Step05 按【Ctrl+J】组合键，复制选区内的图像到新的图层，调整其图层顺序到毛衣上面，如图 11-46 所示。

Step06 选择工具箱中的【钢笔工具】，在选项栏中选择【形状】选项，绘制一个黄色小三角形并应用图层样式中的阴影效果，如图 11-47 所示。

Step07 用相同的方法再制作一个红色与蓝色的三角形，如图 11-48 所示。选择工具箱中的【横排文字工具】，设置前景色为白色。在图像上输入文字，

设置字体为【方正综艺简体】，如图 11-49 所示。

图 11-46

图 11-47

图 11-48

图 11-49

Step08 单击图层面板下方的【添加图层样式】按钮 _fx_，在弹出的快捷菜单中选中【描边】复选框，❶ 在弹出的【图层样式】对话框中设置描边色为蓝色，❷ 单击【确定】按钮，如图 11-50 所示。此时，文字添加了蓝色的描边，如图 11-51 所示。

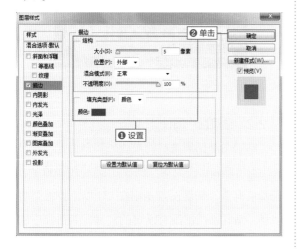

图 11-50

图 11-51

Step09 选择工具箱中的【钢笔工具】，在选项栏中选择【形状】选项，在选项栏中设置颜色为青色，绘制图 11-52 所示的四边形。选择工具箱中的【移动工具】，将鼠标指针置于四边形上，按住【Alt】键的同时进行拖动，复制四边形。在图层面板上双击形状缩略图，打开【拾色器】对话框，❶ 设置颜色为黄色，❷ 单击【确定】按钮，如图 11-53 所示。

Step10 此时，复制的四边形颜色变为黄色，如图 11-54 所示。选择工具箱中的【横排文字工具】，分别设置前景色为黑色、红色，设置字

体为【方正综艺简体】【黑体】，在图像上输入文字，如图 11-55 所示。

图 11-52

图 11-53

图 11-54

图 11-55

Step11 选择工具箱中的【画笔工具】，设置画笔大小为 2 像素。新建图层，设置前景色为红色，按住【Shift】键，在文字间绘制直线，如图 11-56 所示。

Step12 选择工具箱中的【画笔工具】，

❶ 在选项栏中选择【圆扇形细硬毛刷】选项，
❷ 设置画笔大小为 25 像素，如图 11-57 所示。

图 11-56

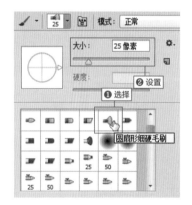

图 11-57

Step13 选择工具箱中的【画笔工具】，设置前景色为黄色，新建图层，拖动鼠标指针绘制图形数字 1，如图 11-58 所示。

图 11-58

Step14 选择工具箱中的【钢笔工具】，在选项栏中选择【形状】选项，设置颜色为蓝色，在图形数字 1 的下方绘制图形作为底色，最终效果如图 11-59 所示。

图 11-59

11.2.2 钻展推广图设计

钻展图是钻展推广的灵魂，其创意优劣直接决定点击率和点击成本，投放的位置也越来越多。通常情况下，钻展图点击率在 8% 以上算很好的创意。钻展推广图没有固定的尺寸，其由推广位的尺寸决定。本例是一个男装的钻展推广图设计，主色调为中性灰，整体设计大气稳重，效果如图 11-60 所示。

图 11-60

具体操作步骤如下。

Step01 打开 Photoshop，按【Ctrl＋N】组合键新建一个图像文件，在【新建】对话框中设置页面的宽度为 590 像素、高度为 295 像素、分辨率为 72 像素／英寸。设置前景色 RGB 值为【240、240、240】，按【Alt＋Delete】组合键填充背景为浅灰色。

Step02 选择工具箱中的【矩形工具】 ▣ ，在选项栏中选择【形状】选项，设置填充色为浅灰色，无描边，如图 11-61 所示，拖动鼠标指针，绘制矩形。按【Ctrl+T】组合键，在选项栏中设置旋转角度为 45°，如图 11-62 所示。

图 11-61

图 11-62

Step03 此时，矩形旋转，如图 11-63 所示，按【Enter】键确定。选择工具箱中的【移动工具】 ✥ ，将鼠标指针置于矩形上，按住【Alt】键的同时进行拖动，复制矩形。重复此操作，复制多个矩形，如图 11-64 所示。

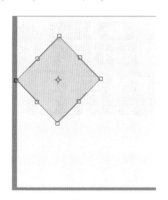

图 11-63

图 11-64

Step04 用相同的方法复制两行矩形，如图 11-65 所示。选择工具箱中的【钢笔工具】 ✐ ，

在选项栏中选择【形状】选项，设置颜色为蓝色，分别在文件的左上角、右下角绘制图 11-66 所示的图形。

图 11-65

图 11-66

Step05 选择工具箱中的【横排文字工具】 T ，设置前景色为蓝色。在图像上输入文字，设置字体为【造字工房力黑】，如图 11-67 所示。

Step06 选择工具箱中的【自定形状工具】 ✿ ，新建图层，在选项栏中选择【像素】选项，设置颜色为红色，绘制一个六边形，按【Ctrl+T】组合键，将其旋转一定角度，如图 11-68 所示。

图 11-67

图 11-68

Step07 选择工具箱中的【钢笔工具】 ，在选项栏中选择【像素】选项，设置颜色为红色，在六边形下方绘制一个闪电图形。复制图形，按【Ctrl+T】组合键，将其水平翻转，如图 11-69 所示。

图 11-69

Step08 选择工具箱中的【钢笔工具】 ，在

选项栏中选择【形状】选项，设置颜色为红色，绘制几个三角形，如图 11-70 所示。

图 11-70

Step09 选择工具箱中的【横排文字工具】 T，分别设置前景色为白色、蓝色。在六边形中输入文字，设置字体为【黑体】，如图 11-71 所示。

图 11-71

Step10 按【Ctrl+O】组合键，打开"素材文件 \ 第 11 章 \ 男装 .psd"文件。选择工具箱中的【移动工具】 ，将素材拖动到新建的文件中，最终效果如图 11-72 所示。

图 11-72

美工经验

推广图的四大设计要点

推广图设计主要可以从两个方面出发，一个是根据直通车图片的投放位与周围的直通车广告图进行差异化的设计；另一个是挖掘出产品的卖点和消费者的需求点，将这个点通过创意表现出来，吸引买家点击。这个需求就需要我们长期的积累和分析，并展示出产品有利特征，打消买家的顾虑，如展示产品质量、价格、品质优势等。

可以通过关键词搜索或类目搜索，找到自己产品展现的直通车区域，然后对附近的直通车图片进行分析，避免出现与其他图雷同，造成点击率低。在设计中，应观察直通车位上的图片构图、用色、文案、创意等素材元素，尽量在视觉上做出差异化，提高点击率。下面介绍推广图的四大设计要点。

1. 价格差异化

与同产品相比，如果店家的产品具有一定的价格优势，那么一定要将这个优势展示出来，将低价促销的卖点放大，能快速提高点击率和销量。图 11-73 所示为突出展示产品价格的图片。

图 11-73

2. 销量差异化

由于消费者的从众心理，在淘宝上已经热卖的产品会出现更加热卖的情况。如果店内的热销产品货源充足需继续推广，那么在推广图上就可突出展示销量引起买家的关注和点击，让买家感受到热销的气氛，进行疯抢。图 11-74 所示为展示产品销量的图片。

图 11-74

3. 品质差异化

不同的产品对品质要求也不同，如母婴类产品会注重舒适度和安全性，食品则注重色香味和安全，而高端产品所面对的购买人群对产品质量的要求度是很高的。所以面对这样的购买人群和产品性质，表现出产品质量更能激发买家的购买欲望。图 11-75 所示为表现产品品质的钻展图。

图 11-75

4. 创意差异化

创意差异化是在基于其他属性的基础上，表现方式别具一格，在同行中显得尤为突出。不仅能快速抓住买家的眼球，还能快速提高点击率。图 11-76 所示为素材、文案与表现方式创意的效果图。

图 11-76

11.3 海报设计

作为一名网店美工，经常需要进行店铺首页和详情页的海报设计，本节将通过实例介绍在 Photoshop 中制作店铺海报的方法。

11.3.1 制作"双 11"活动营销海报

"双 11"已然成为淘宝最重要的大促活动日，在这天抓住销量与转换很可能达到店铺全年销售额的 50% 以上。要让店铺流量实现更高的转化率，视觉设计是必不可少的，在活动海报设计上，要体现出活动气氛引导顾客下单。

好的大促视觉装修不仅要有红色洋溢的店铺风格，还要结合店铺产品、推广、文案、顾客心理等因素，在不同阶段做出不同的调整，才能更好地提升转化率。本例"双 11"活动营销海报效果如图 11-77 所示。

图 11-77

具体操作步骤如下。

Step01 打开 Photoshop，按【Ctrl+N】组合键新建一个图像文件，在【新建】对话框中设置页面的宽度为 950 像素、高度为 410 像素、分辨率为 72 像素 / 英寸。设置前景色 RGB 值为【214、23、45】，按【Alt+Delete】组合键填充背景色为红色。

Step02 选择工具箱中的【矩形工具】■，在选项栏中选择【像素】选项，设置前景色 RGB 值为【255、33、74】，新建图层，拖动鼠标指针绘制如图 11-78 所示的矩形。

Step03 选择工具箱中的【矩形工具】■，在选项栏中选择【形状】选项，设置前景色 RGB 值为【214、23、45】，新建图层，绘制图 11-79 所示的矩形。

图 11-78

图 11-79

Step04 按【Ctrl+T】组合键的同时右击矩形，❶ 在弹出的快捷菜单中选择【透视】命令，如图 11-80 所示，❷ 向左拖动右下角的控制点，使其与左下角的控制点重合，如图 11-81 所示，按【Enter】键确定。

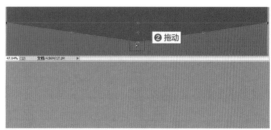

图 11-80

图 11-81

Step05 按【Ctrl+O】组合键，打开"素材文件 \ 第 11 章 \ 圆 .psd"文件。选择工具箱中的【移动工具】►⊕，将素材拖动到新建的文件中，如图 11-82 所示。

Step06 按【Ctrl+R】组合键，显示标尺，拖出两条水平辅助线。选择工具箱中的【钢笔工具】✎，在选项栏中选择【路径】选项，绘制图 11-83 所示的文字路径。

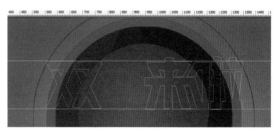

图 11-82

图 11-83

Step07 新建图层，设置前景色为白色，切换到路径面板，单击路径面板下面的【用前景色填充路径】按钮●，得到图 11-84 所示的效果。

Step08 选择工具箱中的【矩形工具】▭，在选项栏中选择【像素】选项，新建图层，设置前景色RGB值为【252、222、26】，拖动鼠标指针绘制图 11-85 所示的矩形。

图 11-84　　　　　　　　　　　图 11-85

Step09 按【Ctrl+T】组合键的同时右击矩形，❶ 在弹出的快捷菜单中选择【斜切】命令，如图 11-86 所示。❷ 拖动上方中间的控制点，将矩形倾斜一定角度，如图 11-87 所示，按【Enter】键确定。

图 11-86　　　　　　　　　　　图 11-87

Step10 选择工具箱中的【移动工具】⊹，将鼠标指针置于矩形上，按住【Alt】键的同时进行拖动，复制矩形，如图 11-88 所示。

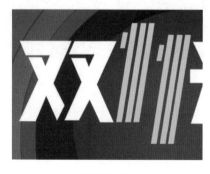

图 11-88

Step11 按【Ctrl+E】组合键，将图形化的文字"双 11 来啦"合并。单击图层面板下方的【添加图层样式】按钮 *fx*，在弹出的快捷菜单中选中【投影】复选框，❶ 在弹出的【图层样式】对话框中设置参数，❷ 单击【确定】按钮，如图 11-89 所示。

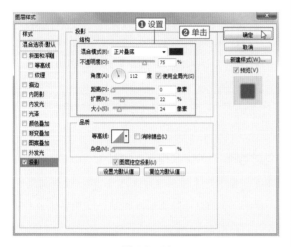

图 11-89

Step12 此时，投影效果如图 11-90 所示，文字变得非常有立体感。

图 11-90

Step13 选择工具箱中的【矩形工具】，在选项栏中选择【像素】选项，新建图层，设置前景色 RGB 值为【0、160、233】，拖动鼠标指针，绘制图 11-91 所示的矩形。

图 11-91

Step14 按【Ctrl+T】组合键的同时右击矩形，在弹出的快捷菜单中选择【斜切】命令，如图 11-92 所示。

Step15 向右拖动上方中间的控制点，将矩形倾斜一定角度，得到平行四边形，如图 11-93 所示，按【Enter】键确定。

图 11-92

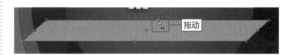

图 11-93

Step16 按住【Ctrl】键的同时单击平行四边形，将其载入选区，如图 11-94 所示。

图 11-94

Step17 在平行四边形下方新建图层，执行【编辑】→【描边】命令，打开【描边】对话框，❶ 设置宽度为 3 像素、描边色为黄色，❷ 单击【确定】按钮，如图 11-95 所示，得到图 11-96 所示的效果。

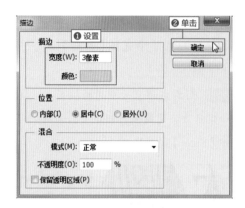

图 11-95

图 11-96

Step18 选择工具箱中的【移动工具】，移动线条。按【Ctrl+T】组合键，调整线条的宽度，如图 11-97 所示，按【Enter】键确定。

图 11-97

Step19 选择工具箱中的【横排文字工具】 ，设置前景色为白色。在图像上输入文字，设置字体为【方正综艺简体】，按【Ctrl+Enter】组合键，完成文字的输入，如图 11-98 所示。

图 11-98

Step20 单击图层面板下方的【添加图层样式】按钮 ，在弹出的快捷菜单中选中【投影】复选框，❶ 在弹出的【图层样式】对话框中设置参

数，❷ 单击【确定】按钮，如图 11-99 所示。

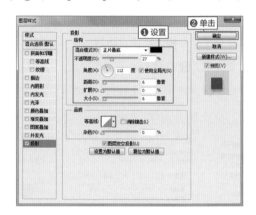

图 11-99

Step21 此时，投影效果如图 11-100 所示。选择工具箱中的【横排文字工具】 ，设置前景色为白色。分别在图像上输入文字，设置字体为【黑体】，如图 11-101 所示。

图 11-100

图 11-101

Step22 按【Ctrl+T】组合键的同时右击矩形，❶ 在弹出的快捷菜单中选择【透视】命令，如图 11-102 所示，❷ 向左拖动右下角的控制点，使其与左下角的控制点重合，如图 11-103 所示，按【Enter】键确定。

图 11-102

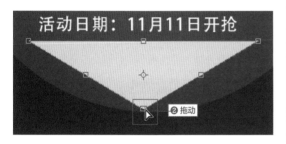

图 11-103

Step23 新建图层，选择工具箱中的【圆角矩形工具】▇，在选项栏中选择【像素】选项，设置半径为 7 像素。设置前景色为黑色，绘制一个圆角矩形，如图 11-104 所示。

图 11-104

Step24 选择工具箱中的【横排文字工具】**T**，设置前景色为红色。在图像上输入文字，设置字体为【黑体】，按【Ctrl+Enter】组合键，完成文字的输入，如图 11-105 所示。

图 11-105

Step25 按【Ctrl+O】组合键，打开"素材文件\第 11 章\海报素材 .psd"文件。选择工具箱中【移动工具】▶♣，将素材拖动到新建的文件中，如图 11-106 所示。

图 11-106

Step26 选择工具箱中的【钢笔工具】✎，在选项栏中选择【路径】选项，绘制路径，将鼠标指针置于路径左端，捕捉到路径时单击，如图 11-107 所示。选择工具箱中的【横排文字工具】**T**，设置前景色为白色。在图像上输入文字，设置字体为【黑体】，如图 11-108 所示，按【Ctrl+Enter】组合键，完成文字的输入。

图 11-107

图 11-108

Step27 选择工具箱中的【钢笔工具】，在选项栏中选择【像素】选项，新建图层，绘制图11-109 所示的图形。

图 11-109

Step28 选择工具箱中的【多边形套索工具】，绘制三角形图标，填充为蓝色与黄色，按【Ctrl+D】组合键取消选区，如图11-110 所示。

图 11-110

Step29 选择工具箱中的【多边形套索工具】，绘制多个斜角四边形，在绘制过程中，按住【Shift】键可绘制水平和垂直的线。填充为蓝色、

紫色、黄色，按【Ctrl+D】组合键取消选区，如图 11-111 所示。

图 11-111

Step30 按【Ctrl+O】组合键，打开"素材文件＼第11章＼双11标志.psd"文件。选择工具箱中的【移动工具】，将素材拖动到新建的文件的左上角，最终效果如图 11-112 所示。活动营销海报上传到店铺的方法与首焦图相同，这里不再赘述。

图 11-112

11.3.2 制作化妆品海报

在设计化妆品海报时要注意海报的整体色彩与产品包装、活动主题相符，且在设计时要突出活动内容，本例化妆品海报效果如图 11-113 所示。

图 11-113

具体操作步骤如下。

Step01 按【Ctrl+O】组合键，打开"素材文件 \ 第 11 章 \ 化妆品海报背景 .jpg"文件，如图 11-114 所示，再打开"素材文件 \ 第 11 章 \ 圆 .psd"文件，如图 11-115 所示。

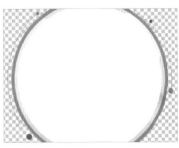

图 11-114　　　　　　　　　　　　　　　　图 11-115

Step02 选择工具箱中的【移动工具】，将素材"圆"拖动到素材"化妆品海报背景"中，如图 11-116 所示。

图 11-116

Step03 接下来绘制文字。选择工具箱中的【矩形工具】，在选项栏中选择【像素】选项，设置填充色 RGB 值为【255、33、74】，新建图层，拖动鼠标指针绘制图 11-117 所示的矩形。

Step04 选择工具箱中的【钢笔工具】，在选项栏中选择【像素】选项，设置填充色 RGB 值为【255、33、74】，新建图层，拖动鼠标指针绘制图 11-118 所示的文字笔画。

图 11-117　　　　　　图 11-118

Step05 选中"春"的第一个图层，选择工具箱中的【加深工具】，在选项栏中设置属性，如图 11-119 所示。

图 11-119

Step06 在图形局部涂抹，加深部首"撇"下面的图像，如图11-120所示。再在部首"捺"下面的图像上涂抹，如图11-121所示。

Step07 用相同的方法，用加深工具、减淡工具制作折叠字的效果，如图11-122所示。

图11-120　　　　　图11-121　　　　　　　　　图11-122

Step08 选择工具箱中的【矩形工具】■，在选项栏中选择【形状】选项，在选项栏中设置属性，如图11-123所示，拖动鼠标指针绘制图11-124所示的矩形。

图11-123

图11-124

Step09 选择工具箱中的【横排文字工具】T，设置前景色为红色。在矩形上输入文字，设置字体为【黑体】，如图11-125所示。

Step10 按【Ctrl+O】组合键，打开"素材文件\第11章\护肤品.psd"文件。选择工具箱中的【移动工具】▶，将素材拖动到海报文件中，如图11-126所示。

图11-125

图 11-126

Step11　按【Ctrl+J】组合键复制素材，按【Ctrl+T】组合键的同时右击素材，在弹出的快捷菜单中选择【垂直翻转】命令，按【Enter】键确定，再将翻转后的素材向下移动，如图 11-127 所示。

图 11-127

Step12　在图层面板中设置其图层的不透明度为 50%，图像效果如图 11-128 所示。按【Ctrl+O】组合键，打开"素材文件\第 11 章\叶子.psd"文件。选择工具箱中的【移动工具】，将素材拖动到海报文件中，最终效果如图 11-129 所示。

图 11-128

图 11-129

第 12 章
实战：手机端店铺的装修与设计

本章导读

目前，店铺手机端的销售已超过 PC 端，手机店铺的装修已尤为重要。那么，手机店铺是如何进行首页和详情页装修的呢？带着这些问题，下面进行本章内容的学习。

知识要点

通过本章内容的学习，大家能够学会手机淘宝店铺装修的方法。学完后需要掌握的相关技能知识如下。

▲ 手机淘宝店铺装修的重要性

▲ 手机淘宝店铺首页装修

▲ 手机淘宝店铺详情页装修

12.1　手机淘宝店铺装修的重要性

手机淘宝是淘宝网官方出品的手机应用软件，具有搜索比价、订单查询、购买、收藏、管理、导航等功能。目前，手机淘宝的用户在日益增加。

12.1.1　手机淘宝店铺装修的重要意义

如今智能化让生活变得更加以人为中心，更加不受束缚，消费模式也因为手机这块小小的屏幕发生了重构。继传统的线下购物、PC 网络购物后，随时随地移动购物已迅速成为人们喜爱的消费方式之一。手机淘宝作为国内最早、规模最大的移动网购平台，拥有淘宝手机网页和客户端版本，用户可以随时随地在手机上完成商品相关的搜索、浏览、支付购买、查看物流等操作。对商家而言，这无疑带来了巨大的商机。手机淘宝是移动电商商业模式的创新，承载了无线化淘宝的使命。

相比 PC 端，手机淘宝占据着越来越重要的位置。以"双 11"为例，2014 年的"双 11"当天，淘宝天猫市场交易规模为 600 亿，无线交易额为 113 亿元，是 2013 年交易额的 12 倍，将手机交易推向高潮。2015 年"双 11"当天，淘宝天猫市场交易规模为 912 亿，其中无线交易额为 626 亿，占比高达 68%。2016 年的"双 11"总交易额超 1207 亿，无线交易额占比 81.87%。由此可以看出，现今已是手机端网购的新时代。移动电商时代已经开启，卖家的主战场已经转移，在电商战场抢得机会，才能占据更大的市场份额。因此，手机淘宝店铺装修也变得日益重要，手机端的装修设计也是很多店铺卖家需要做好的一个重要环节。好的店铺装修能加深客户访问深度，提高转化率。

12.1.2　无线消费者行为习惯分析

在开始手机端装修前，首先要分析手机端客户的购物行为习惯，通过手机页面展示，来引导客户进行购买消费。无线消费者行为习惯有以下两点。

1. 时间碎片化

绝大部分客户都是利用闲散的时光来浏览手机淘宝，可能在咖啡店，可能在午休时间或等人时，看的时间可能不会太长。这就要求店铺在设计无线页面的时候要简洁明了，突出产品卖点和优势，让消费者第一眼就能看明白，并且有继续浏览的欲望。

2. 快速浏览

相比在 PC 端的浏览速度，手机端的浏览速度会更快。客户在使用无线终端时的视觉相对 PC 端较短，注意力集中时间会缩短。这就要求店铺在设计无线页面的时候要抓住视觉冲击元素，吸引客户的眼球，使其关注到宝贝并增加停留时长。

12.2　手机淘宝店铺首页装修

手机端店铺想要获得高流量或高销量，一定要让店铺的装修首页设计有吸引力。首页是进店客户看到的第一印象，精美的首页设计应是卖家着力打造的关键点。

12.2.1　手机淘宝店铺首页设计要点

手机淘宝店铺首页装修设计与 PC 端不同，为了发挥其最大的作用，装修要做到以下几点。

1. 简洁明了

手机淘宝首页受手机屏幕尺寸的限制，放置的内容不如 PC 端店铺首页多，如果不能合理地、简洁地安排首页的内容，客户看了半天也看不到想看的，就会直接退出店铺。图 12-1 所示为简洁干净的手机淘宝店铺首页装修。

2. 展示优惠活动

首页是客户的第一视觉冲击点，不仅在设计方面要有吸引力，而且适当的优惠政策也能吸引较多的客户。这就要求在首页上，要适时适当地呈现店铺的促销活动和优惠信息等，如图 12-2 所示。

图 12-1

图 12-2

3. 切忌使用太多色彩

在设计学中有一条"7 秒钟定律"，即人关注一个商品的时间通常为 7 秒钟，而这 7 秒钟的时间内 70% 的人确定购买的第一要素是色彩。在装修设计中，同一版块内最好不要超过 3 种颜色。这 3 种颜色分别作为主色、辅助色和点缀色。当然，也可以多使用万能搭配色，如黑色、白色、灰色等，它们跟任何颜色搭配都比较和谐且容易突出效果。

12.2.2 首页装修布局及入口

有些卖家不重视手机淘宝首页的装修，认为买家都是通过搜索直接进入宝贝详情页的，只要把详情页装修好就万事大吉了。手机淘宝首页的装修真的不重要吗？答案是否定的。首页装修布局的好坏关系到店铺的跳失率。首页能装修好，布局合理，能增加买家访问的深度，提高转化率。手机淘宝店铺首页的布局一般有首焦图、优惠活动展示、分类、产品展示等内容，如图 12-3 所示。

图 12-3

通过浏览器在淘宝网页登录卖家账号后，进入卖家中心，即可开始卖家的无线装修之旅。

Step01 在卖家中心的页面左侧找到【店铺管理】选项卡，单击右侧展开按钮 ∨ 显示此选项下所有选项，单击【手机淘宝店铺】链接，如图 12-4 所示。

Step02 进入手机淘宝店铺页面后，页面中间会显示【无线店铺】选项卡，单击其下面的【立即装修】链接，如图 12-5 所示。

图 12-4 　　　　　　　　　　　图 12-5

Step03 此时，进入无线运营中心，在页面中单击【店铺首页】链接，如图 12-6 所示。进入手机淘宝店铺首页，页面中有 3 个部分，左侧是各个装修组件，中间是手机模型，右侧是编辑区域，如图 12-7 所示。

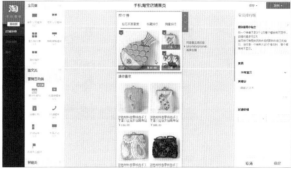

图 12-6 　　　　　　　　　　　图 12-7

12.2.3　手机淘宝首页装修功能模块

当进入手机淘宝装修页面以后，在页面左侧有宝贝类、图文类、营销互动类、智能类等装修组件，如图 12-8 所示。这些组件是可以任意添加、删除和编辑的。

图 12-8

1.宝贝类组件

宝贝类组件主要用于放置王牌宝贝、爆款宝贝，并有分类引导和宝贝归类的作用。下面分别介绍宝贝类组件中各模块的使用方法。

（1）单列宝贝模块。

单列宝贝模块用于在手机端首页并以单独显示一个宝贝的方式存在，最多可连续添加 5 个模块，具体操作步骤如下。

Step01 ❶ 在左侧模块区将鼠标指针指向需要添加的模块，如图 12-9 所示。❷ 拖动指定的模块到右侧手机页面中需要的位置，此时鼠标指针旁显示所指定的模块缩略图，如图 12-10 所示。

图 12-9

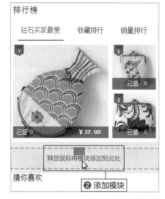

图 12-10

Step02 释放鼠标后，即可在手机淘宝首页成功地添加指定的模块，如图 12-11 所示。成功添加

模块后，单击可选中模块，此时右侧会出现编辑区域。单击右侧推荐类型后的【手动推荐】按钮，可设置添加显示的宝贝，如图 12-12 所示。

图 12-11

图 12-12

Step03 ❶ 单击【添加】按钮，如图 12-13 所示，❷ 在打开的页面中选择添加的宝贝，❸ 完成后单击右下角的【完成】按钮，如图 12-14 所示。

图 12-13

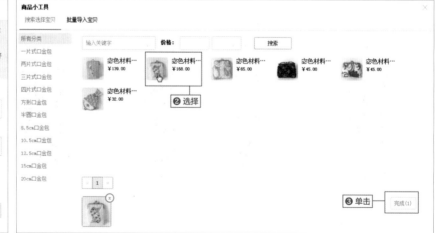

图 12-14

Step04 在右侧的编辑栏中显示新的宝贝，单击【确定】按钮，如图 12-15 所示，添加的单列宝贝模块中的宝贝换成了新的宝贝，如图 12-16 所示。

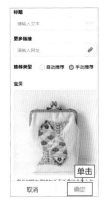
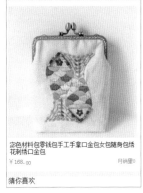

图 12-15　　　　　　图 12-16

Step05 单击【发布】按钮，如图 12-17 所示，即可在手机淘宝店铺首页显示。

图 12-17

Step06 选中模块，在模块的右上方会出现 3 个按钮。单击【向上】按钮 ，如图 12-18 所示，可以使当前模块向上移动，如图 12-19 所示；单击【向下】按钮 ，可以使当前模块向下移动。

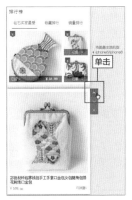
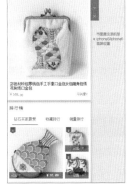

图 12-18　　　　　　图 12-19

Step07 如果需要删除添加的模块，单击右上角的【删除】按钮✕，如图 12-20 所示。此时，当前模块被删除，如图 12-21 所示。

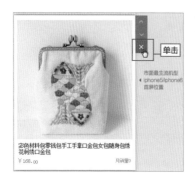

图 12-20

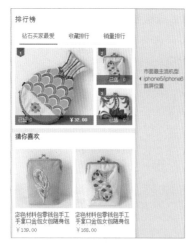

图 12-21

Step08 最后将鼠标指针指向装修页面右上角的【发布】按钮，在弹出的下拉列表中选择发布的形式，若是立即发布，选择【立即发布】选项，若要在以后的某个时间发布，则选择【定时发布】选项，如图 12-22 所示。

图 12-22

（2）双列宝贝模块。

双列宝贝模块是宝贝以双列的方式展示，使用频率较高，一个模块最多可添加 6 个宝贝，模块可添加数量没有上限。添加模块后选中该模块，可在右侧对模块的各个选项进行设置，具体操作步骤如下。

Step01 ❶ 在左侧模块区将鼠标指针指向需要添加的模块，如图 12-23 所示。❷ 拖动指定的模块到右侧的手机页面中需要的位置，此时鼠标指针旁显示所指定模块的缩略图，如图 12-24 所示。

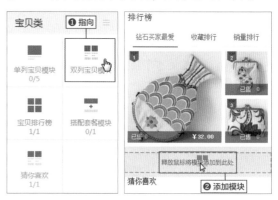

图 12-23　　　　图 12-24

Step02 释放鼠标后，即可在手机淘宝首页成功添加指定的模块，如图 12-25 所示。成功添加模块后，单击可选中该模块，此时右侧会出现编辑区域。在【宝贝个数】下拉列表中可以设置个数，如图 12-26 所示。

图 12-25　　　　图 12-26

Step03 此时，在首页的双列宝贝模块中宝贝显示为两个，如图 12-27 所示。选中右侧推荐类型后的【手动推荐】单选按钮，可设置添加显示的宝贝，如图 12-28 所示。

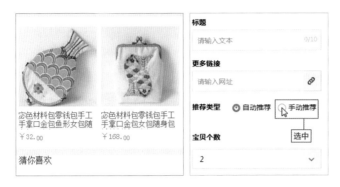

图 12-27　　　　　　图 12-28

Step04 宝贝的选择是默认的，若要改变宝贝可执行以下操作。❶ 单击【添加】按钮，如图 12-29 所示，❷ 在打开的页面中选择新的宝贝，❸ 单击【完成】按钮，如图 12-30 所示。

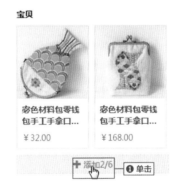

图 12-29

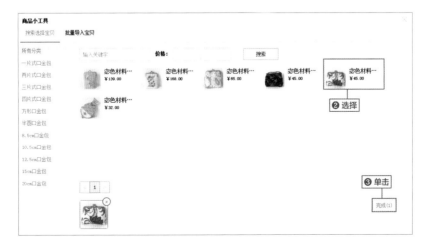

图 12-30

Step05 在编辑栏中可看到添加的宝贝，如图 12-31 所示。❶ 若要继续添加宝贝，可再单击【添加】按钮，❷ 在打开的页面中选择新的宝贝，❸ 单击【完成】按钮，如图 12-32 所示，在编辑栏中可看到添加的宝贝。

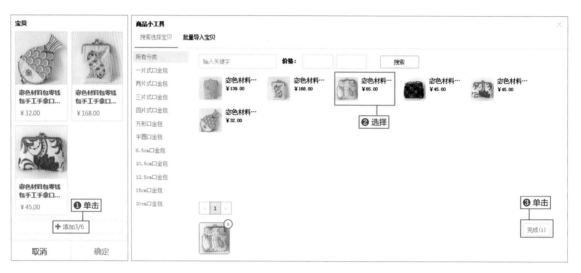

图 12-31　　　　　　　　　　　　　图 12-32

Step06 ❶ 如果要删除不需要的宝贝，可将鼠标指针放到要删除的宝贝上面，单击【删除】按钮，如图 12-33 所示。❷ 在弹出的提示框中单击【确定】按钮，如图 12-34 所示。

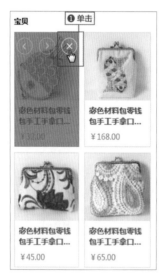

图 12-33　　　　　　　　　　　图 12-34

Step07 删除宝贝后的效果如图 12-35 所示，若要继续删除宝贝，使用相同的方法即可。编辑完后单击编辑栏下方的【确定】按钮，如图 12-36 所示，在首页中可查看添加的双列宝贝模块的效果，如图 12-37 所示。

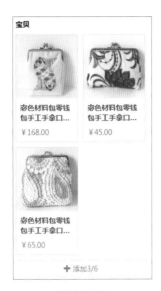

图 12-35

图 12-36

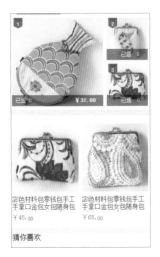

图 12-37

（3）宝贝排行榜模块。

宝贝排行榜模块用于显示店铺中宝贝的各种排行，有"钻石买家最爱""收藏排行""销量排行"3 种排列方式。右侧可对宝贝类目、关键字等进行设置，具体操作步骤如下。

Step01　在左侧模块区将鼠标指针指向【排行榜】，按住鼠标左键不放并拖动到首页要添加此模块的位置后释放鼠标，即可添加模块，如图 12-38 所示。在编辑栏的类目中选择分类，如图 12-39 所示。

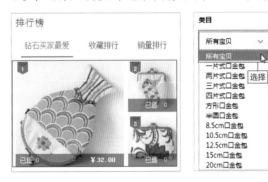

图 12-38　图 12-39

Step02　❶ 设置价格筛选，❷ 单击【确定】按钮，如图 12-40 所示。图 12-41 所示为筛选后的排行榜。

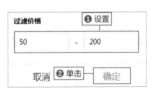

图 12-40

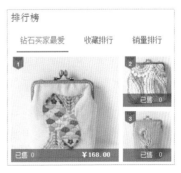

图 12-41

Step03 在对宝贝排行榜类目进行选择时，应注意所选类目的宝贝需要超过 3 个，使用此模板才能生效，若小于 3 个，显示为图 12-42 所示的效果。

图 12-42

（4）搭配套餐模块。

搭配套餐模块无数据不会在手机客户端显示，不可编辑。与 PC 端的搭配套餐是通用的，必须要订购官方的搭配套餐和设置了搭配套餐，才能使用。

（5）猜你喜欢模块。

猜你喜欢模块通过推荐算法计算出买家感兴趣的商品，并以一排两个的形式进行排列展示，不可编辑。

2. 图文类组件

图文类组件中的模块是使用最多的模块，包括文字和图片模块，用于为手机淘宝页面添加首焦、海报、宝贝分类、宝贝展示等，图文类组件中的模块给设计师更多的设计空间，使设计师可以更加灵活地设计出理想的页面。其中包括标题模块、文本模块、单列图片模块、双列图片模块、多图模块、辅助线模块、焦点图模块、左文右图模块、自定义模块等。

在图文类组件中自定义模块可以自由设置图片的大小，再设计图片，其他模块需要根据系统提示的尺寸进行设计，最后可为设计好的文字或图片添加标题和链接。

下面，介绍一些常用模块的操作与设置方法。

（1）标题模块。

标题模块用于在手机淘宝页面中添加有链接的文本信息，拖动指定模块到页面中后，可到右侧设置具体文本，可输入 20 个文字，单击链接小工具可为该文本添加需要的链接，具体操作步骤如下。

Step01 在左侧模块区将鼠标指针指向【标题模块】，按住鼠标左键不放并拖动到首页要添加此模块的位置后释放鼠标，即可添加模块，如图 12-43 所示。❶ 在右边的编辑栏中输入标题文本，❷ 单击【确定】按钮，如图 12-44 所示。

图 12-43

图 12-44

技术看板

如何为手机淘宝装修模块中的文字、图片等添加链接

以图 12-44 为例，介绍在手机淘宝装修模块中的文字、图片等添加链接的方法。单击链接文本框后面的链接小工具 🔗，如图 12-45 所示。在打开的【链接小工具】面板中单击要添加链接种类的标签，如单击【宝贝分类链接】标签，单击所选分类后面的【连接链接】按钮，如图 12-46 所示。

图 12-45

图 12-46

这样便可将链接添加到模块中，如图 12-47 所示。装修模块中所有添加链接的方法与此相同。

图 12-47

Step02 在手机淘宝首页可查看标题模块的效果，如图 12-48 所示。

图 12-48

（2）文本模块。

文本模块用于在手机淘宝页面中添加无链接的提示性文本信息，可用于引导下面的模块、分割优化首页结构空间等，内容可以是公告展示、联系方式等，具体操作步骤如下。

Step01 在左侧模块区将鼠标指针指向【文本模块】，按住鼠标左键不放拖动到首页要添加此模块的位置后释放鼠标，即可添加模块。

Step02 ❶ 在编辑栏中输入文本，❷ 单击【确定】按钮，如图 12-49 所示。在手机淘宝首页即可查看文本模块的效果，如图 12-50 所示。

图 12-49

图 12-50

（3）单列图片模块。

单列图片模块是在首页添加单张图的形式，类似首屏海报一样，主要作用是通过图片对产品或店铺活动进行聚焦，吸引顾客注意力，单列模块图片尺寸设置为 608 像素 ×336 像素，图片格式为 JPEG 或 PNG，具体操作步骤如下。

图 12-51

Step01 在左侧模块区将鼠标指针指向【单列图片模块】，按住鼠标左键不放拖动到首页要添加此模块的位置后释放鼠标，即可添加模块。

Step02 ❶ 在编辑栏中添加单列图片区域处单击，如图 12-51 所示。❷ 在打开的页面中单击【点击上传】按钮，如图 12-52 所示。

图 12-52

Step03 ❶ 在打开的对话框中选择图片，❷ 单击【打开】按钮，如图 12-53 所示。❸ 在打开的页面中单击【上传】按钮，如图 12-54 所示。

图 12-53

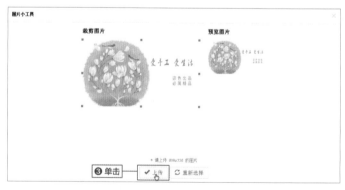

图 12-54

Step04　在编辑栏中单击【确定】按钮，如图
12-55 所示。在手机淘宝首页可查看单列图片模块
的效果，如图 12-56 所示。

（4）双列图片模块。

双列图片模块用于添加两张图片进行展示，
图片尺寸为 296 像素 ×160 像素，图片格式为
JPEG 或 PNG，具体操作步骤如下。

Step01　在左侧模块区将鼠标指针指向【双列图
片模块】，按住鼠标左键不放拖动到首页要添加
此模块的位置后释放鼠标，即可添加模块。

图 12-55　　　　　　　　图 12-56

Step02　❶ 在编辑栏中添加双列图片区域处单击，如图 12-57 所示。❷ 在打开的页面中单击【点击上
传】按钮，如图 12-58 所示。

图 12-57

图 12-58

Step03 ❶ 在打开的对话框中选择图片，❷ 单击【打开】按钮，如图 12-59 所示。❸ 在打开的页面中单击【上传】按钮，如图 12-60 所示。

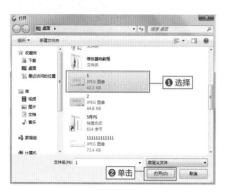

图 12-59　　　　　　　　　　　　　　　图 12-60

Step04 在编辑栏第二张图片添加双列图片区域处单击，如图 12-61 所示。用相同的方法添加图片，如图 12-62 所示。

图 12-61　　　　　图 12-62

Step05 ❶ 为图片添加链接，前面已介绍过添加链接的方法，这里不再赘述，❷ 单击【确定】按钮，如图 12-63 所示。在手机淘宝首页即可查看双列图片模块的效果，如图 12-64 所示。

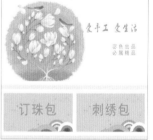

图 12-63　　　　　图 12-64

（5）多图模块。

多图模块可添加多张图片进行展示，并可为图片添加标题、文字和链接，图片最多 6 个，最少 3 个，多图模块是可以滑动的，建议尺寸为248 像素 ×146 像素。多图模块可以用于优惠券展示，也可用于热卖宝贝、宝贝推荐展示或宝贝的细节图。

Step01 在左侧模块区将鼠标指针指向【多图模块】，按住鼠标左键不放拖动到首页要添加此模块的位置后释放鼠标，即可添加模块。

Step02 在编辑栏中添加多张图片，单击【确定】按钮，如图 12-65 所示。在手机淘宝首页即可查看多图模块的效果，如图 12-66 所示。

图 12-65

图 12-66

（6）辅助线模块。

辅助线可清晰划分区域，创造出舒适空间，促进精准分类，节省页面流量。辅助线是一条虚线，不可进行编辑，一般较少使用。

在左侧模块区将鼠标指针指向【辅助线模块】，按住鼠标左键不放拖动到首页要添加此模块的位置后释放鼠标，即可添加模块，添加辅助线模块后的效果如图 12-67 所示。

图 12-67

（7）焦点图模块。

焦点图模块可以添加几张图片进行轮播展示，类似 PC 端的全屏轮播海报，可以节约展示空间，图片最多 4 个，最少 2 个，建议选择 608 像素 ×304 像素尺寸的图片，图片格式为 JPEG 或 PNG，可为图片添加文字和链接。

（8）左文右图模块。

左文右图也是在首页添加一张单独的图片进行展示，可作为店铺爆款展示，与单列模块和焦点图模块有类似作用，等同于 PC 端的 banner，所以在设计页面时，可以在这 3 种形式中选择适合的一种即可，此模块不同的是，不需要将文字设计在图片上，只需要将背景图设计好，输入文字即可。

Step01 在左侧模块区将鼠标指针指向【左文右图模块】，按住鼠标左键不放拖动到首页要添加此模块的位置后释放鼠标，即可添加模块。

Step02 ❶ 在编辑栏中添加图片及文字，❷ 单击【确定】按钮，如图 12-68 所示。在手机淘宝首页可查看左文右图模块的效果，如图 12-69 所示。

图 12-68

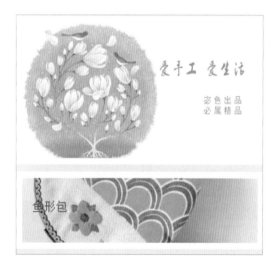

图 12-69

（9）自定义模块。

　　自定义模块是用法最为灵活的一个模块，适用于各种店铺装修效果，特别是具有创意的装修非常好用。此模块最多可以添加 10 个，每一个模块可添加 10 个子模块，在手机模型中添加此模块后，模块中显示很多正方形的小格子，模块上方红色文字区域可拖动创建子模块。具体操作步骤如下。

Step01 在左侧模块区将鼠标指针指向【自定义模块】，按住鼠标左键不放拖动到首页要添加此模块的位置后释放鼠标，即可添加模块，如图 12-70 所示。拖动红色区域，将子模块范围拖动到与格子重叠的线上，如图 12-71 所示。

图 12-70

图 12-71

Step02 在此格子内空白处双击确定第一个子模块，模块区域呈灰色显示，如图 12-72 所示。❶ 在页面右边的编辑栏中选择好图片并设置好链接，❷ 单击【确定】按钮，如图 12-73 所示。

图 12-72

图 12-73

Step03 此时，首页中自定义区域的显示效果如图 12-74 所示。在添加的图片下方的左侧空白处单击，再次显示自定义方格，如图 12-75 所示。

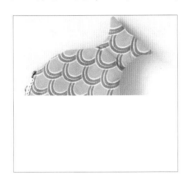

图 12-74

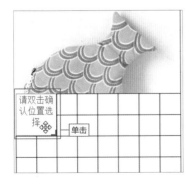

图 12-75

Step04 拖动红色区域，将子模块范围拖动到与格子重叠的线上，如图 12-76 所示。在此格子内空白处双击确定第二个子模块，如图 12-77 所示。

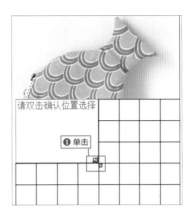

图 12-76

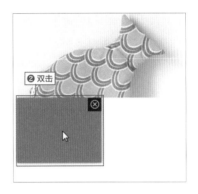

图 12-77

Step05 ❶ 在页面右边的编辑栏中选择图片并设置好链接，❷ 单击【确定】按钮，如图 12-78 所示。此时，首页中自定义区域的显示效果如图 12-79 所示。

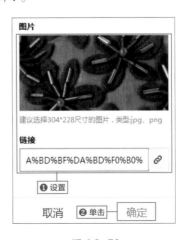

图 12-78

图 12-79

Step06 使用前面同样的操作方法，可以根据需要定义其他子模块，最终效果如图 12-80 所示。

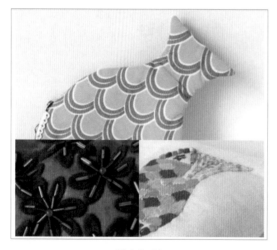

图 12-80

3.营销互动类组件

营销互动类组件主要用于店铺营销，在店铺开展活动时发优惠券、红包等，渲染店铺气氛。包括优惠券模块、红包模块、电话模块、活动组件、专享活动、活动模块中心等，下面举例介绍相关营销模块的添加方法。

（1）店铺红包。

在手机淘宝首页中可以设置店铺红包，具体操作步骤如下。

Step01 在左侧模块区将鼠标指针指向【营销互动类】中的【店铺红包】模块，按住鼠标左键不放拖动到首页要添加此模块的位置后释放鼠标，即可添加模块，如图 12-81 所示。在编辑栏中单击【店铺红包设置入口】链接，如图 12-82 所示。

图 12-81　　　　　图 12-82

Step02 ❶ 在页面中设置【活动名称】【活动时间】等内容，❷ 选择买家领取条件为【收藏店铺】，如图 12-83 所示，❸ 单击【确定并保存】按钮。❹ 在打开的提示框中单击【确定】按钮，如图 12-84 所示。

图 12-83

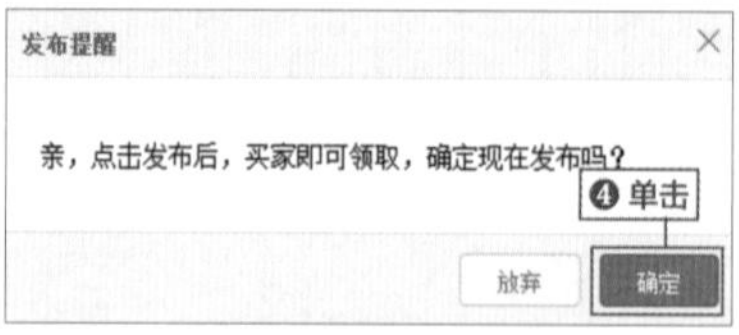

图 12-84

Step03 店铺红包创建成功后会出现图 12-85 所示的页面，在手机淘宝首页单击【收藏店铺】

链接，如图 12-86 所示。

图 12-85

图 12-86

Step04　可以看到收藏页面中出现了送红包的内容，如图 12-87 所示。下面选择另一种收藏方式，❶ 选择买家领取条件为【直接领店铺红包】，如图 12-88 所示，❷ 单击【确定并保存】按钮。

图 12-87

图 12-88

Step05　在打开的提示框中单击【确定】按钮，如图 12-89 所示。在手机淘宝首页中可以查看到设置好的店铺红包收藏，如图 12-90 所示。

图 12-89

图 12-90

技术看板

设置店铺红包有什么好处

设置店铺红包能有效提升店铺成交转化率；同时还可以更好地回馈老客户，用于对加购物车、收藏夹的用户或已买过宝贝的用户做精准推送。

（2）电话模块。

手机淘宝首页还可以添加【电话】模块，具体操作步骤如下。

Step01　在左侧模块区将鼠标指针指向【营销互动类】中的【电话】模板，按住鼠标左键不放拖动到首页要添加此模块的位置后释放鼠标，即可添加模块。❶ 在编辑栏中输入电话，❷ 单击【确定】按钮，如图 12-91 所示。

图 12-91

Step02　在手机淘宝首页中可以查看到设置好的电话模板，如图 12-92 所示。

图 12-92

4.智能类组件

智能类组件中最常用的是新老顾客模块，设置此模块后，新顾客和老顾客在此模块中看到的图片是不一样的，新顾客顾名思义是第一次进入店铺的顾客，老顾客是 180 天内在店铺内购买过宝贝的顾客，通过这个模块可以对新老顾客进行营销，更好地提高个性化的运营能力，图片尺寸为 608 像素 × 336 像素。

将新老顾客模块拖动到手机模型中后，在右侧编辑区单击【添加】按钮，即可添加设计好上传到图片空间中的图片，分别将老顾客图片和新顾客图片添加好后，单击链接按钮还可为图片添加不同链接。

系统会根据进店的新老顾客，分别给他们展示不同的图片，而店家为图片添加不同的链接，可针对不同顾客的营销，并将新老顾客分流到更精准的无线页面中去。

12.3　手机淘宝店铺详情页装修

手机淘宝首页要重新装修，同样地，手机宝铺店铺详情页也要重新装修，以适应手机屏幕及消费者的浏览习惯。

12.3.1　手机淘宝店铺详情页设计要点

手机淘宝店铺详情页装修设计与 PC 端不同，考虑到其屏幕大小及打开的速度，装修要做到以下几点。

1.目标明确，内容简洁

手机端客户在使用手机浏览页面的时候，会相对比较放松，如果在几秒内不能吸引住客户，那么客户就会被无情地刷走。因此，拥有一个目标明确、内容简洁的页面是非常重要的。手机端本身的界面有限，如果店铺装修得很复杂，设置太多东西，给人的感觉就会很凌乱，所以在设计时，要注意渲染重点内容，内容尽量简洁明了。

2.注重细节设计

由于手机屏幕太小，对于服装等有模特展示的产品，为了能看清产品，在进行详情页装修设计时，应多用局部细节图。同时还要注重图文搭配，文字不能太小，也不能繁杂。

（1）选取半身或局部特写图。

手机端的页面大多是以豆腐块的形式展现，范围有限，因此在选择图片时可以尽量使用半身图或局部特写图，避免视觉上的不清晰。再适当地穿插一些全景图或全身图，有意识地调整页面的节奏，使得整个页面更加和谐活泼，如图 12-93 所示。

（2）图文搭配的排列技巧。

图文搭配涉及了排版的问题，排版是为了统一文字和图片的位置，优秀的排版能使整个页面都富有创造性。在手机端设计中，由于整体面积较小，图文排版要能让画面看起来大气，避免因杂乱而产生的廉价感，如图 12-94 所示。

图 12-93

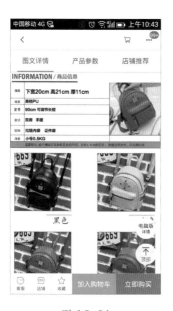

图 12-94

12.3.2　使用"淘宝神笔"模块快速制作无线详情页

淘宝神笔就是详情页的装修模板，是免费使用的，使用模板后，卖家只需要把自己店里的宝贝图片替换掉就可以了，具体操作步骤如下。

Step01　输入网址进入淘宝神笔（xiangqing.

taobao.com），单击上方的【模板市场】链接进入模板市场，如图 12-95 所示，进入模板市场页面，如图 12-96 所示。

图 12-95

图 12-96

Step02　❶ 在要使用的模板上单击，如图 12-97 所示。❷ 单击【立即使用】按钮，如图 12-98 所示。

图 12-97

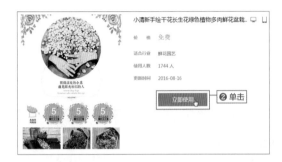

图 12-98

Step03 ❶ 选中要编辑详情的宝贝前面的单选按钮，❷ 单击【编辑手机详情】按钮，如图 12-99 所示。

Step04 经过上步操作，进入图 12-100 所示的模板页面，❶ 在要替换的图片上单击将其激活，❷ 单击左上角的【替换图片】按钮 ，如图 12-101 所示。

图 12-99

图 12-100

图 12-101

Step05 在打开的页面中选择宝贝图片，如图 12-102 所示。即可将原模板中的图片用宝贝图片替换，如图 12-103 所示。

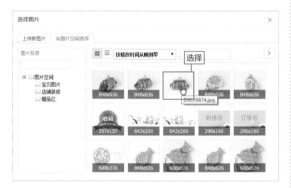

图 12-102

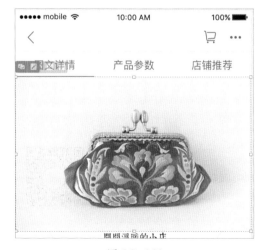

图 12-103

Step06 若激活后单击左上方的【编辑图片】按钮，如图 12-104 所示，则可以拖动要编辑的图片，改变其位置，如图 12-105 所示。

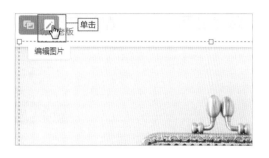

图 12-104

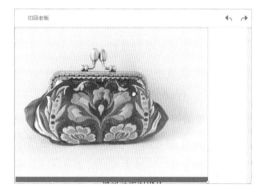

图 12-105

Step07 如果想要撤销操作，单击图 12-106 所示的【撤销】按钮即可。

图 12-106

Step08 除了替换图片以外，还可以编辑模块中的文字，在文字上单击即可将其激活，如图 12-107 所示，并可以设置文字的字体、字号、颜色等属性。

图 12-107

Step09 详情页模板制作好后可以进行预览，单击【预览】按钮，如图 12-108 所示，图 12-109 所示为在手机中的预览效果。

Step10 ❶ 最后单击【同步详情】按钮，如图 12-110 所示，❷ 在打开的页面中选中【我明确了解同步详情会覆盖现有的宝贝详情页面】单选按钮，❸ 再单击【确定同步】按钮，如图 12-111 所示，即可将新的模板详情页应用到手机详情页中。

Step11 同步成功后会出现图 12-112 所示的【手机端宝贝详情同步成功】页面。

图 12-108

图 12-109

图 12-110

图 12-111

图 12-112

Step12　下面介绍将所有宝贝详情应用于同一模板的方法。在淘宝神笔首页单击【模板管理】链接，如图 12-113 所示。

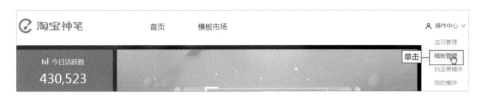

图 12-113

Step13　在打开的页面中可以看到使用过的模板，如图 12-114 所示。单击【立即使用】按钮，重复前面的操作，即可对其他宝贝使用相同的模板。

图 12-114

美工经验

将 PC 端详情页导入手机端的技巧

　　如果 PC 端宝贝详情页装修不复杂，大部分图片是干净利落的产品展示和小部分文字说明，不会影响在手机端的显示效果时，可以直接使用 PC 端的宝贝详情页来生成手机端的详情页，具体操作步骤如下。

Step01　在出售的宝贝中选择一款需要添加到手机端详情页的宝贝，单击此宝贝最右侧的【编辑宝贝】链接，如图 12-115 所示。

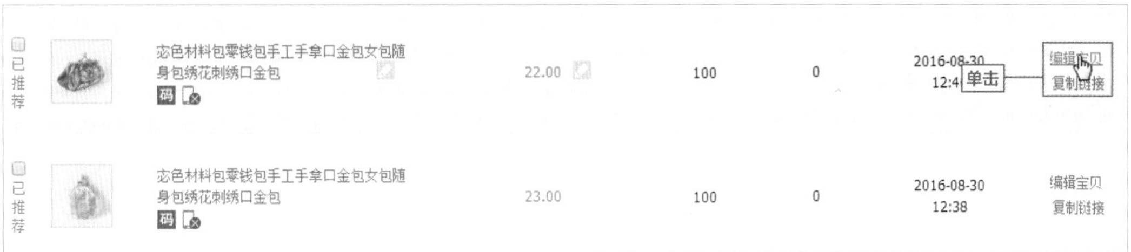

图 12-115

Step02 进入宝贝的编辑页面，向下拖动页面，拖动到宝贝描述区域，❶ 在此窗口下方单击【生成手机版宝贝详情】按钮，❷ 再单击【确认】按钮，如图 12-116 所示。

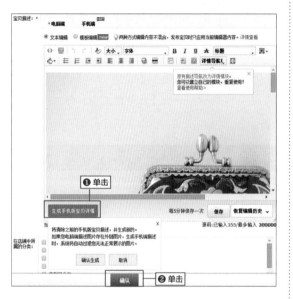

图 12-116

Step03 选择【手机端】选项卡，选中【模板编辑】单选按钮，可以看到，手机端已经生成了与 PC 端相同的宝贝详情页，如图 12-117 所示。

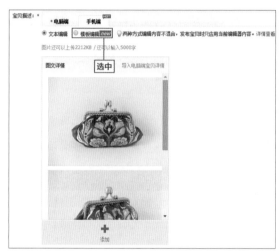

图 12-117

第 13 章
实战：网店装修中特效代码的应用

本章导读

代码常用于店铺页面设计的呈现，在前面章节的店铺装修中也用到过代码。基础版、专业版结合代码可以制作出智能版的店铺效果。本章将学习代码的知识及如何使用代码装修网店。

知识要点

通过本章内容的学习，大家能够学会如何将代码应用于店铺装修中。学完后需要掌握的相关技能知识如下。

▲ 代码的基础知识

▲ 代码的使用方法

▲ 代码的应用实例

13.1 代码的基础知识

代码常用于网页中，现在延伸到网店装修。网页代码是在网页制作过程中需要用到的一些特殊的语言，设计师通过对这些语言进行组织编排制作出网页，然后由浏览器对代码进行翻译后才是大家最终看到的效果。

13.1.1 代码的定义

代码就是程序员用开发工具所支持的语言写出来的源文件，是一组由字符、符号或信号码元以离散形式表示信息的明确的规则体系。代码设计的原则包括唯一确定性、标准化和通用性、可扩充性与稳定性、便于识别与记忆、力求短小与格式统一及容易修改等。

在网页设计中，代码是固定的，就像英文字母一样，就那些字母，可以组成各种各样的单词，表现出不同的意思。代码也一样，每一个字母、单词或组合可以表达不同的意思，应用于网页中后，能实现各种显示效果。在所有的网页中，可以通过按【F12】键查看此网页的源代码，显示在网页最下方。

对于网页设计来讲，代码就是网页制作的基础，可以根据不同的需要进行不同的编写，是一种计算机语言，代码有长有短，除英文外，还有中文、数字等。初学者只要了解代码的基本功能与作用，能合理地复制就行了。编起来就比较麻烦，因为所有的代码全部背完实在是太多，程序员也是通过理解的方式来应用代码的，并不是死记硬背。

13.1.2 代码的应用

随着网店的不断增多，产品竞争力越来越强，网店装修在产品竞争中占据很重要的位置，已经逐渐成为网店必不可少的核心竞争力，优秀的店铺装修风格与效果，可以在提高店铺整体形象的同时，带来转化率、成交率，从而提高营业额。

网店装修的重要性，延伸出装修模板的设计，淘宝中有很多现成的付费模板，可以通过购买的方式获得一个月到一年或长期的使用。使用模板的好处在于方便快捷，而店家如果自己懂代码如何应用，既可以减少一笔开支，又可以根据自己的需要随心所欲地设计展示效果。

那么这些操作就需要认真地学习代码的基本知识，对代码进行编辑和应用。无论是页头、首页还是宝贝详情页，都越来越多地应用到了代码，学会代码能有利于店家更好更快地打造出优秀的店铺装修风格与效果，实现最优的用户体验。对于网店装修，通过这些简单的代码，就可实现全屏海报、全屏轮播、固定背景、旺旺在线等功能效果。

13.2 代码的使用方法

由于代码的内容大而全，因此没有必要全部学懂。作为网店装修只需要学习其中的一部分，就足以胜任店铺的装修工作，下面介绍作为网店美工使用代码不可缺少的部分。

13.2.1 代码的生成

对于网店美工，代码的生成可以通过以下几种方式实现。

第一种是对代码非常熟悉，将设计好的界面切片优化，上传到图片空间以后，有了图片链接，可以根据自己的需要结合图片内容直接编写出代码内容，并将写好的代码复制到装修页面的【自定义内容区】中。也可直接在【自定义内容区】窗口中编写，需要注意的是，应单击窗口中的【源码】按钮，将窗口显示方式切换为代码视图，如图 13-1 所示。

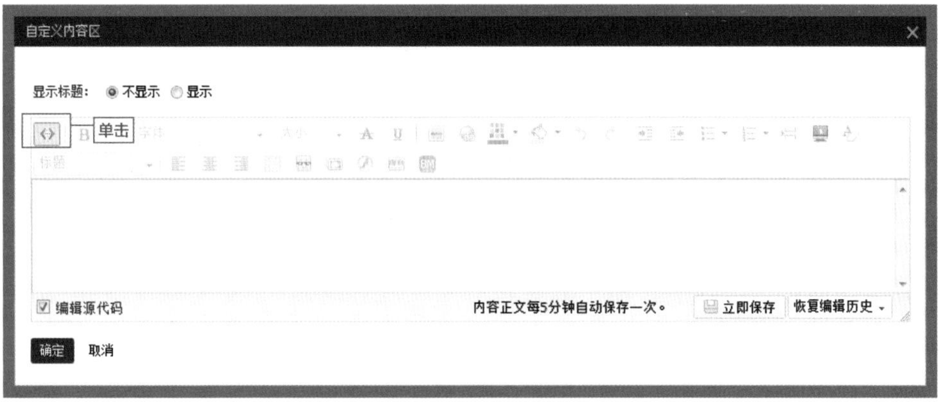

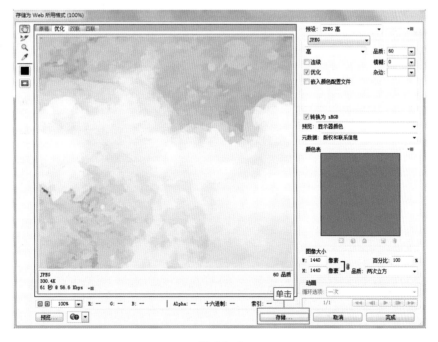

图 13-1

　　这种方式使用难度较大，需要特别丰富的代码知识和经验，并且淘宝目前没有对所有代码能写出来的特效开放，有的效果你能写出来，不一定放到自定义模块后能显示出来，具有一定的局限性。优点是当淘宝开放了一种特殊效果，就可以立马使用，走在代码装修的前端，风格独具一格。

　　第二种是在 Photoshop 中将设计好的页面进行切片后，执行【文件】→【存储为 Web 所用格式】命令，在【存储为 Web 所用格式】对话框右侧设置画面品质，对画面质量进行优化，单击【存储】按钮，如图 13-2 所示。

图 13-2

在打开的对话框中选择存储格式为 HTML 和图像，单击【保存】按钮，如图 13-3 所示。

最后在 Dreamweaver 中执行【文件】→【打开】命令，将刚刚保存的 HTML 文件打开，在 Dreamweaver 界面中选择【代码】选项卡，将界面切换到代码界面，即可看到生成的代码，如图 13-4 所示。

这种方式适合自己设计的页面，需要在 Dreamweaver 中进行修改、编辑等操作，使用非常方便，也适合初学者。

第三种是可以在一些在线生成代码的网页中，生成自己需要的装修代码。生成淘宝特效装修代码的网站，在成为专业的设计人员前，使用此类网站生成代码可以有效地节约工作时间，淘宝店主不需要学习高深的代码知识，轻轻松松点点鼠标就可以生成各种装修代码。

图 13-3

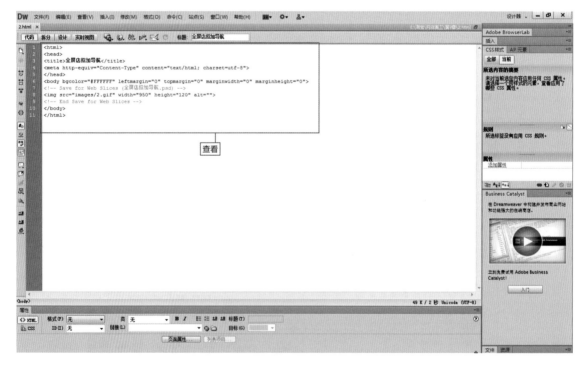

图 13-4

这类型的网站称为代码生成神器。能帮助大家快捷高效地完成网店设计，具有全屏海报轮播、全屏单张海报、全屏背景固定、客服模板生成、旺旺代码生成、特效模板生成等功能，图 13-5 所示为一个常用的代码生成网"懒人坤"。除此之外，还有三角梨、码工助手等代码生成网站。

图 13-5

13.2.2　代码的编辑

当通过 Photoshop 将页面设计出来，切片和优化后的页面保存为图片和 HTML 格式。就需要用到编辑代码的软件 Dreamweaver，在 Dreamweaver 中打开所保存 HTML 文件，将之前保存的图片上传到卖家中心的图片空间中，依次将图片空间中的图片地址在 Dreamweaver 中进行替换，然后可以为编辑好的页面添加热区、链接或其他网页特效，最后将 Dreamweaver 中的代码直接复制到装修页面中的代码编辑框中，即可展示出所设计的页面效果。

在 Dreamweaver 界面中，【设计】界面用于展示页面效果，【代码】页面用于编辑此页面的代码。界面下方的【属性】面板用于为页面添加热区、添加和替换图片地址、修改表格尺寸等，如图 13-6 所示。

Dreamweaver 是 Adobe 公司的著名网站开发工具。它使用所见即所得的接口，也有 HTML 编辑的功能，当你正使用 Dreamweaver 设计动态网页时，所见即所得的功能，让你不需要透过浏览器就能预览网页。它可以用最快速的方式将 Fireworks 或 Photoshop 等设计的页面移至网页上。

图 13-6

13.3 代码的应用实例

前面给大家简单介绍了代码的作用，下面通过一些实际案例操作，演示代码在店铺装修中的作用及具体使用方法，使大家快速掌握这项技能。

13.3.1 生成全屏海报

由于全屏海报带来的视觉冲击大和视觉效果好，因此，全屏海报在店铺装修中使用的频率是最高的。下面介绍如何通过在线生成代码的网站获取代码，快速生成全屏海报的过程，生成全屏海报效果如图 13-7 所示。

图 13-7

Step01 按【Ctrl+O】组合键，打开"素材文件 \ 第 13 章 \ 全屏海报 .jpg"文件。按【Alt+Shift+ Ctrl+S】组合键，打开【存储为 Web 所用格式】对话框，❶ 设置优化品质为 85，❷ 单击【存储】按钮，如图 13-8 所示。

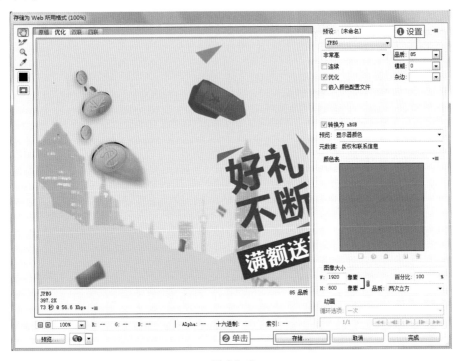

图 13-8

Step02 打开【将优化结果存储为】对话框，❶ 设置文件名称和格式，❷ 单击【保存】按钮，如图 13-9 所示。

图 13-9

Step03 通过浏览器进入在线生成代码网站 http://www.wenyukun.com，进入后可看到网站中有各种功能的导航链接，可以通过这些链接进入相应的功能页面。使用账号和密码登录网站，单击【全屏海报－单链接】链接，如图 13-10 所示。

图 13-10

Step04 进入全屏海报的制作页面后，页面中间有一个设置区域，根据设置区域的内容，可以看到需要海报的尺寸、图片链接，如图 13-11 所示。

| 海报宽度： | 1920 px； | 海报高度： | 450 px； | 链接打开方式： | 新窗口 | 店铺类型： | 淘宝专业版 |
| 图片链接： | | | | 宝贝链接： | http://wenyukun.taobao.com/ | | |

图 13-11

Step05 通过 Photoshop 打开素材文件，按【Alt+Ctrl+I】组合键，打开【图像大小】对话框，查看到文件宽度为 1920 像素、高度为 600 像素，如图 13-12 所示。

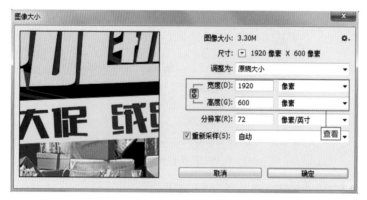

图 13-12

Step06 在淘宝网页中登录卖家账号，进入"卖家中心"的图片空间，根据页面提示完成对优化后的全屏海报图片上传。单击全屏海报的【复制链接】按钮，如图 13-13 所示。

图 13-13

Step07 通过前面的步骤，知道了海报的各个信息，❶ 将信息输入各个文本框中，❷ 单击【生成代码 - 原版】按钮，如图 13-14 所示。

图 13-14

Step08 此时，设置区域下方出现代码区域，将鼠标指针置于代码文本框内，按【Ctrl+A】组合键将代码进行全选，再按【Ctrl+C】组合键将代码进行复制，如图 13-15 所示。

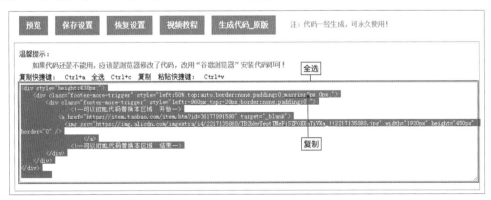

图 13-15

Step09 进入装修页面，❶ 将鼠标指针置于【自定义区】模块上，❷ 按住鼠标左键不放，将其拖到需要的位置后释放鼠标，如图 13-16 所示。

图 13-16

Step10 此时，自定义模块显示在装修页面中，单击【自定义模板】右侧的【编辑】按钮，如图 13-17 所示。

图 13-17

Step11 ❶ 在打开的【自定义内容区】窗口中选中【不显示】单选按钮隐藏标题，❷ 选中【编辑源代码】复选框，❸ 在代码文本区域单击，按【Ctrl+V】组合键粘贴刚才在代码生成网站复制的代码，❹ 单击【确定】按钮，如图 13-18 所示。

图 13-18

Step12 设置完成后，单击装修页面右上角的【发布站点】按钮，如图 13-19 所示，即可查看到全屏海报的页面效果，如图 13-20 所示。

图 13-19

图 13-20

13.3.2　生成固定背景

固定背景的使用可以丰富页面内容，也可以扩展视野。本案例主要介绍通过在线生成代码的网站获取代码，然后生成固定背景的方法，固定背景效果如图 13-21 所示。

图 13-21

具体操作步骤如下。

Step01 进入图片空间，将图 13-22 所示的固定背景素材 sea.jpg 上传到图片空间，单击固定背景素材的【复制链接】按钮，获取素材链接，如图 13-23 所示。

图 13-22　　　　　　　　　　　图 13-23

Step02 进入懒人坤网站 http://www.wenyukun.com，登录用户名和密码，在页面中单击【固定背景】按钮，如图 13-24 所示。

图 13-24

Step03 ❶ 选择店铺类型，❷ 按【Ctrl+V】组合键将复制好的图片链接粘贴到图片地址后的文本框，❸ 单击【生成代码_原版】按钮，❹ 将光标置于下方生成代码的编辑框，按【Ctrl+A】组合键全选代码，再按【Ctrl+C】组合键复制代码，如图 13-25 所示。

图 13-25

Step04 进入装修页面，单击导航栏右侧的【编辑】按钮，如图 13-26 所示。

图 13-26

Step05 ❶ 在打开的【导航】窗口中选择【显示设置】选项卡，❷ 按【Ctrl+V】组合键将复制的代码粘贴到编辑窗口中，❸ 单击【确定】按钮，如图 13-27 所示。❹ 单击装修页面右上角的【发布站点】按钮，如图 13-28 所示。

图 13-27

图 13-28

Step06 此时，即可查看添加了固定背景的效果，如图 13-29 所示。

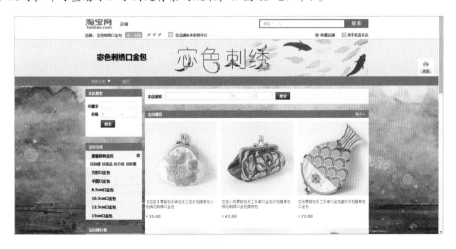

图 13-29

美工经验

新手快速学会代码装修店铺的捷径

作为一个设计师，最重要的就是学习，那么学习代码装修店铺有什么捷径呢？新手可以到 W3school 在线教程网站进行学习，网址为 http://www.W3school.com.cn/，其首页如图 13-30 所示。

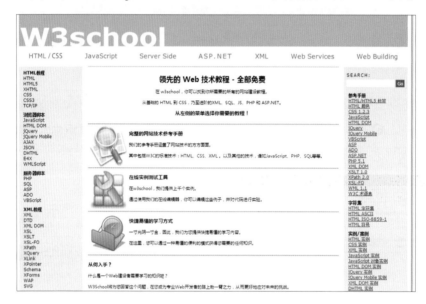

图 13-30

W3school 是互联网上最大的 WEB 开发者资源，是完全免费的，是非营利性的，一直在升级和更新，是 W3C 中国社区成员，致力于推广 W3C 标准技术。

W3school 拥有完整的网站技术参考手册，参考手册涵盖了网站技术的方方面面。其中包括 W3C 的标准技术（如 HTML、XHTML、CSS、XML）及其他的技术（如 JavaScript、PHP、ASP、SQL 等）。

还拥有在线实例测试工具，在 W3school 在线教程网站上提供上千个实例。通过使用其在线编辑器，可以编辑这些例子，并对代码进行实验。它提供快捷易懂的学习内容。在这里，可以通过一种快捷易懂的学习方式获得你需要的任何知识。

当然，W3school 是比较大而全的网站建设教程网站，值得大家去细细品味。而对于网店装修来讲，只需要学习其中的 HTML、DIV+CSS 布局一部分知识即可。